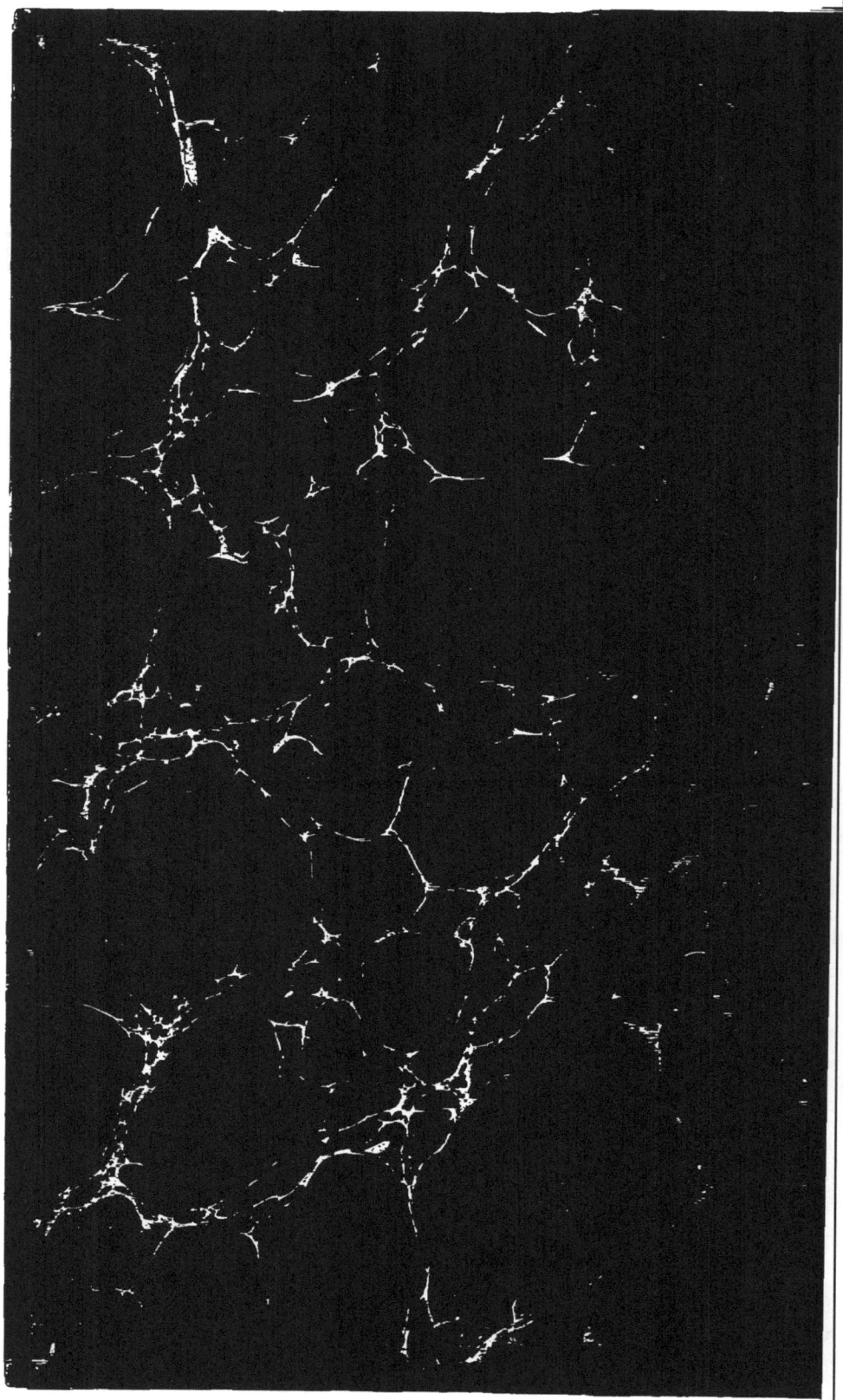

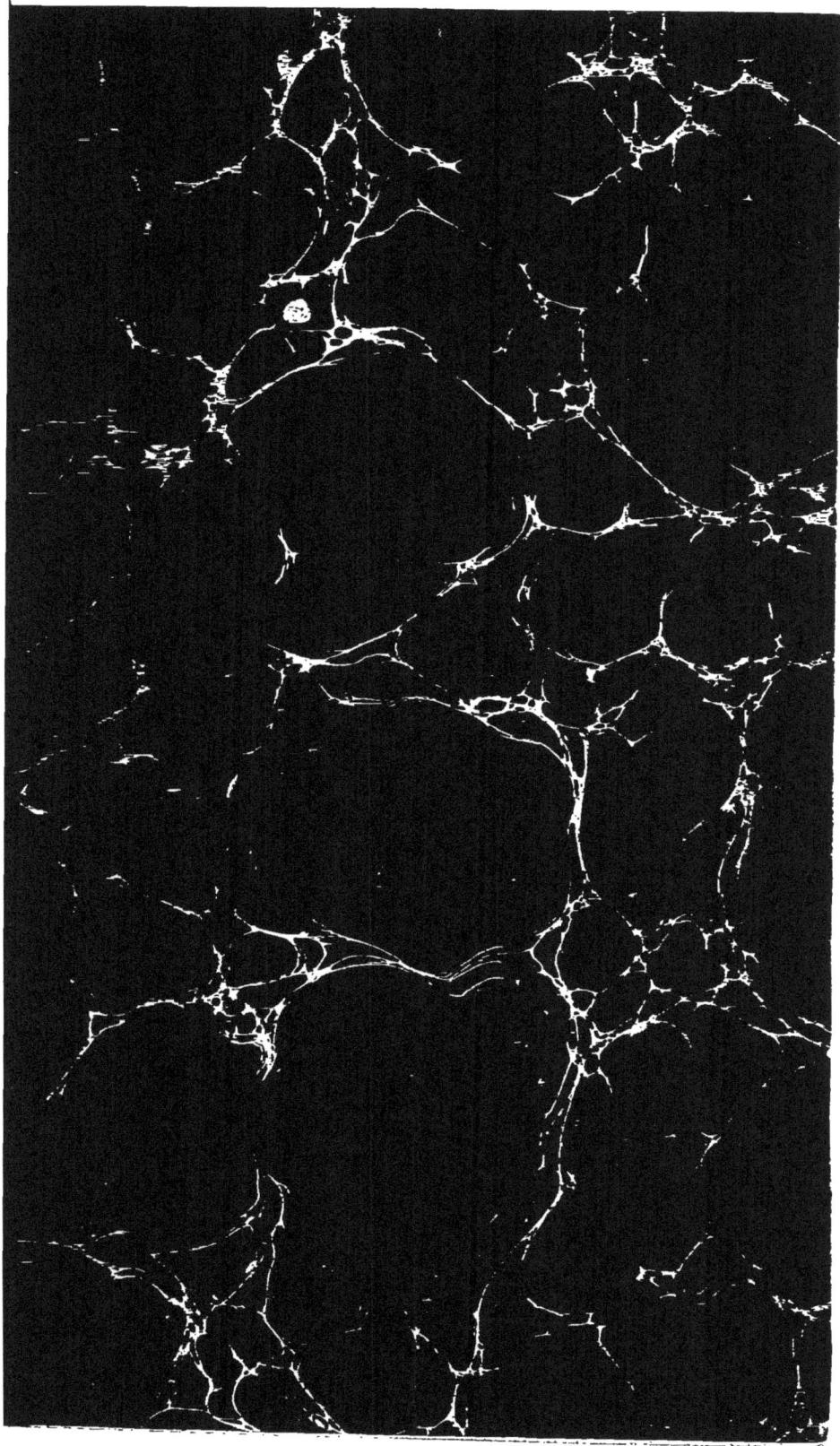

LES MERVEILLES

DE LA

NATURE HUMAINE.

Les formalités voulues par la loi ayant été remplies, nous poursuivrons les contrefacteurs.

IMPRIMERIE DE DEMONVILLE,
RUE CHRISTINE, N° 2.

Hocquart jnt sc.

LES
MERVEILLES

DE LA

NATURE HUMAINE,

O U

DESCRIPTION DES ÊTRES PHÉNOMÈNES LES PLUS CURIEUX,
LES PLUS REMARQUABLES QUI ONT PARU SUR LA SURFACE
DU GLOBE, DEPUIS LE COMMENCEMENT DU MONDE JUSQU'A
CE JOUR; TELS QUE GÉANS, NAINS, HERMAPHRODITES,
SATYRES, MONSTRES, ET GÉNÉRALEMENT D'HOMMES ET
FEMMES BIZARREMENT CONFORMÉS, OU DOUÉS DE FACULTÉS
EXTRAORDINAIRES.

PAR A. ANTOINE (DE SAINT-GERVAIS);

AVEC DES NOTES DE M. DEMERSAN,

Docteur-médecin de la Faculté de Paris, et chevalier de l'ordre royal
de la Légion d'honneur.

PRIX: broché, 3 fr., et cart. par Bradel, 3 fr. 5o c.

PARIS,

CHEZ GERMAIN MATHIOT, LIBRAIRE,
RUE DE L'HIRONDELLE, N° 22,
Près le pont Saint-Michel.

1829.

PRÉFACE.

CET ouvrage est le fruit des recherches considérables d'un Bibliomane,
qui s'est plu à recueillir et à classer mé-
thodiquement tous ces personnages extraordinaires.

Aux créatures qui ont été remarquées
dans les temps anciens, il a ajouté soi-
gneusement toutes celles qui ont existé
dans les temps modernes, et il en cite
qui existent même encore.

L'éditeur a pensé que le public ac-
cueillerait favorablement ces portraits

vail qui l'a engagé à réunir aussi dans un même cadre, les *Merveilles de la Nature humaine.*

LES MERVEILLES

DE LA

NATURE HUMAINE.

~~~~~~

CHAPITRE PREMIER.

PERSONNAGES
DOUÉS DE FACULTÉS EXTRAORDINAIRES.

———————

Cardan parle d'hommes qui faisaient dresser leurs cheveux à commandement (1). Le docteur Tompson cite une femme qui tirait

---

(1) Le muscle occipito-frontal, qui s'étend sous toute la peau qui recouvre la tête, jouit de la faculté de la contracter, et de produire ainsi le redressement des cheveux ; mais cette faculté n'existe que dans quelques individus de l'espèce humaine ; elle est commune à tous les animaux irascibles, tels que le chien, le chat, le tigre, le loup, etc.

1

des étincelles de sa chevelure, chaque fois qu'elle y passait le peigne.

L'empereur Justinien remuait ses oreilles à volonté; et l'on a vu, au collége de la Marche, à Paris, un professeur nommé Crassot, qui avait cette même faculté (1).

On a fait mention d'un Espagnol qui faisait sortir un de ses yeux de son orbite, et faisait rentrer l'autre en profondeur. Dans le *Mercure de France*, du mois de juin 1728, il est question d'une demoiselle Pedegasche, Portugaise., qui voyait ce qui est caché dans les entrailles de la terre; elle découvrait les sources d'eau à trente ou quarante brasses de profondeur. A l'égard du corps humain, s'il était à nu, elle distinguait tout l'intérieur; elle voyait les abcès, et démêlait par consé-

---

(1) Les oreilles de l'homme sont pourvues de muscles comme celles de la plupart des animaux ; mais ces organes s'oblitèrent, et perdent leurs contractions sous les langes, les bandeaux et les bonnets; ils ne conservent la faculté de se contracter que chez quelques individus. J'en ai vu plusieurs qui en jouissaient complètement. Les muscles auriculaires sont décrits dans tous les Traités complets d'anatomie humaine.

quent, mieux que n'aurait pu faire aucun médecin, les causes des maladies.

Le mathématicien Huygens rapporte qu'il a été amené dans les prisons d'Anvers, un homme qui avait la faculté de voir au travers des habits, pourvu qu'il n'y eût point d'étoffe rouge : la femme du geôlier l'étant venu trouver avec d'autres femmes pour le consoler dans sa captivité, elles furent bien étonnées de ses éclats de rire, et le pressant de dire ce qui en était cause, il répondit : C'est qu'il y en a une d'entre vous qui n'a point de chemise; ce qui fut avoué.

Pausanias dit qu'un nommé Lynceüs voyait à travers les murailles. L'empereur Tibère voyait clair dans les ténèbres, pendant quelques momens, après qu'il était réveillé. On a offert à la curiosité des Parisiens, pendant l'été de 1820, un être doué de la faculté de distinguer tous les objets dans la plus grande obscurité. Ce nyctalope avait des cheveux d'une blancheur éclatante et fins comme de la soie, qui descendaient jusqu'à sa ceinture, et produisaient un effet extraordinaire.

Phérécide, précepteur de Pythagore, avait

1*

l'odorat si subtil, qu'il présageait la pluie et le beau temps, par le seul secours de cet organe; on dit même qu'il prédit un tremblement de terre par l'odeur qu'il trouva à l'eau d'un puits.

L'histoire de l'Académie des sciences, pour l'année 1712, fait mention qu'il y avait à cette époque, à Paris, un Persan qui s'ôtait, quand il voulait, sept ou huit dents de la bouche, et les remettait avec la même facilité.

Langius a écrit que deux enfans jumeaux, en Autriche, ouvraient les serrures, en approchant seulement de la porte un côté de leurs corps, comme s'ils eussent possédé, en cette partie, la vertu de l'aimant qui attire le fer.

Le fils du docteur Paulli avait la faculté de suer des mains, sans faire aucun travail qui les mît dans un état de transpiration. Frédéric III, à qui on raconta cette singularité, voulut en être témoin. Le docteur eut l'honneur de lui présenter cet enfant, qui, après avoir fait visiter ses mains bien sèches, les fit devenir tellement humides, qu'en pressant le bout de ses doigts, il en faisait sortir des gouttes d'eau.

La *Gazette de Santé* du 1er décembre 1818, contient une notice très-curieuse sur une jeune femme anglaise, de Liverpool, devenue aveugle à la suite d'une maladie dont le siége était dans la tête, et qui s'est trouvée douée de la faculté de voir par l'extrémité de ses doigts. Par cette étonnante faculté, elle distinguait, assure-t-on, les objets sans les toucher, et en plaçant une surface de verre entre eux et elle.

Tout Paris a pu voir ces années dernières, au théâtre des Funambules, trois individus doués de facultés extraordinaires; l'un surnommé *Bras de Fer*, l'autre *Jambes de Coton*, et le troisième l'*Incombustible*. Le premier, d'une force musculaire inimaginable, se cramponnant d'une seule main après un piquet de bois, tenait son corps horizontalement tendu ; et, dans cette position déjà si étonnante, il soulevait en outre des poids considérables de l'autre main. Le second jouant avec ses jambes, absolument comme si elles eussent été factices, les tortillait de mille manières, et au point de s'en entourer le col comme d'une cravate. Quant à l'*Incombustible*, nous lui avons vu couler dans la bouche, et sortant liquide de la chaudière, du plomb bouillant, qu'il rejetait un instant après, refroidi et compact. On restait stupéfait en le voyant marcher nu-pieds sur une barre de fer sortant rouge du feu, et étincelante sous ses pas; puis la frotter le long de son bras enduit de soufre qu'il embrasait aussitôt, et même passer dessus sa langue, ce qui faisait frémir les spectateurs.

On a vu également une danseuse de corde, nommée Gertrude Boon, aussi intéressante par sa beauté que par une faculté singulière, celle de pouvoir tourner sur la corde pendant un quart-d'heure, avec une telle rapidité que les spectateurs en étaient éblouis. Durant ce temps, elle supportait au coin de chaque œil la pointe de trois épées. Ensuite elle s'arrêtait tout court, et retirait ces épées l'une après l'autre du coin de ses yeux, avec autant de tranquillité que si elle les eût tirées du fourreau.

Paul Moccia, connu par des épîtres latines

et une prosodie grecque, se précipitait dans la mer, sans crainte de demeurer au fond. Lorsqu'il y entrait paisiblement, il n'enfonçait pas plus que jusqu'à la poitrine, et il marchait dans l'eau avec la même assurance que sur la terre.

Pline rapporte, au second livre de son Histoire naturelle, qu'un valet de pied d'Alexandre, nommé Philonide, parcourait quarante-cinq lieues en neuf heures de temps, allant de Sicyone à Élis, ce qui faisait douze minutes pour une lieue. Nous avons vu, en juillet 1826, à Paris, Maurice Rummel, âgé de dix-sept ans, montrer la même agilité, à peu de chose près, puisqu'il ne mettait que quatorze minutes pour faire une lieue. Un nommé Collin, natif d'Offembach, vint à Lyon au mois de septembre de la même année, piquer la curiosité des habitans, qui le virent faire quatre lieues de poste en moins de soixante-douze minutes. Socrate dit que, sous l'empereur Théodose, un courrier nommé Palladius, allait en trois jours de Constantinople aux extrémités de la Perse. Lucien parle de l'inimaginable promptitude à courir d'un nommé Philippide, messager d'état, qui abusa tellement de cette faculté, qu'il fît en un jour le trajet de Marathon à Athènes ; mais il expira après avoir rendu compte de sa mission.

Pline fait mention de l'athlète Athanatus, qui se promenait sur un théâtre ; revêtu d'une cuirasse de plomb , du poids de cinq cents livres , et avec des brodequins qui en pesaient autant. La *Gazette de France* cîte l'enfant d'un paysan nommé Benjamin Loder, du village de Readings , dans le comté de Berks, alors âgé de cinq ans , qui portait deux cent soixante livres pesant , levait d'une main un poids de cent livres , et d'un seul doigt un poids de cinquante livres.

En 1699, un nommé Soy, de la province de Kent , fut présenté au roi d'Angleterre ; qu'il étonna en soulevant, avec une extrême facilité , une pièce de plomb pesant deux mille quatorze livres. Ensuite on lui passa autour du corps une corde dont on attacha l'extrémité à un cheval vigoureux , à qui on fit faire plusieurs efforts , sans qu'il pût parvenir à ébranler de sa place l'homme extraordinaire ; ensuite, cette corde qui avait résisté aux tiraillemens du cheval , il la cassa de ses mains , comme un autre eût rompu un bout de fil.

Ceci dénote une force peu commune, et nous avons à cet égard des exemples surprenans. Louis XIV avait dans ses gardes un nommé Barsabas, renommé comme un autre Samson. Lorsque le monarque était en Flandre, son carrosse, traversant un chemin fort mauvais, se trouva tellement embourbé, que les chevaux faisaient d'inutiles efforts pour sortir de là; le moyeu d'une roue était entièrement enfoncé dans une ornière. Impatient d'être témoin oisif de ces vaines tentatives, Barsabas descend de cheval, soulève la roue, fait signe au cocher et aux postillons, qui, fouettant les chevaux, dégagent enfin la voiture. Louis XIV donna une pension à ce garde, qui devint bientôt major de Valenciennes.

On raconte qu'étant dans un village, Barsabas entra dans la boutique d'un maréchal pour y demander des fers. Il rompit sans peine tous ceux qu'on lui montra, disant qu'ils étaient aigres et cassans. Le maréchal en voulut forger d'autres. Barsabas prit alors l'enclume, et la cacha sous son manteau. L'ouvrier, voulant battre son fer, fut bien surpris

de ne plus voir son enclume; et son étonnement augmenta lorsqu'il l'aperçut sous le bras
du major. Il crut avoir affaire à un démon;
il prit la fuite, et ne voulut plus rentrer chez
lui que quand on lui eut assuré que le prétendu
diable n'y était plus.

Barsabas avait une sœur aussi forte que lui :
mais il ne la connaissait pas, parce qu'il avait
quitté de très-bonne heure la maison pater-
nelle, pour chercher fortune dans les armes,
et qu'elle était née durant son absence. Il la
rencontra dans une petite ville de Flandre,
où elle était établie cordière. Il lui marchanda
les plus grosses cordes qu'elle eût. Il les rompait comme un fil, en disant qu'elles ne va-
laient rien. — Je vous en donnerai de bien plus
fortes, dit la cordière, mais voudrez-vous y
mettre le prix ? — Je les paierai ce que vous
voudrez, répondit-il, en tirant plusieurs écus
de sa poche. Elle les prit, en rompit deux ou
trois entre ses doigts. — Vos écus, lui dit-elle,
ne valent pas mieux que mes cordes; donnez-
moi de l'argent de meilleur aloi. Barsabas,
surpris, lui demanda son pays, son nom, sa
famille, et reconnut qu'elle était sa sœur. Le
dauphin, fils de Louis XIV, voulut voir des

preuves de la force prodigieuse de cet homme : aussitôt il se plaça sous son cheval, le souleva, le porta sur son dos plus de cinquante pas ; et, se baissant ensuite, il le posa à terre avec autant de tranquillité que s'il n'eût pesé que vingt livres.

Louis de Boufllers, né en 1534, rompait également avec les doigts un fer de cheval ; il enlevait et portait son coursier comme Barsabas, et, dans un espace de deux cents pas, il devançait à la course même les chevaux d'Espagne. Il fut tué au siége de Pont-sur-Yonne ; il servait en qualité de guidon de la compagnie d'Enghien.

L'empereur Maximin, de même que le fameux Milon de Crotone, fendait de gros arbres avec les mains. Sa force répondait à sa taille colossale.

Auguste, roi de Pologne, a aussi passé pour un prodige de force : il prenait une assiette d'argent, après y avoir versé du vin, et en la serrant dans sa main, il en formait une boule d'où il faisait jaillir jusqu'au plancher le vin ainsi comprimé.

Le 15 septembre 1828, un Samson moderne a eu l'honneur d'être présenté à la famille royale, au château de Saint-Cloud. Cet homme né à Brischel, en Barbarie, d'un père africain et d'une mère européenne, possède une chevelure extraordinairement longue et touffue, d'où dépendent sa force et sa santé; sa force surpasse celle de deux hommes, ainsi que son appétit. Moyennant une légère rétribution, ce phénomène s'est montré aux curieux de la capitale, qui ont pu admirer sa taille majestueuse et ses formes athlétiques.

Si des facultés physiques nous passons aux facultés intellectuelles, nous trouvons des faits pour ainsi dire incompréhensibles. Lamothe Levayer parle d'un homme de Rouen, qui répondait en dormant aux questions qu'on lui faisait en toutes sortes de langues, qu'il ignorait cependant.

Sénèque dit de lui-même que, sans autre secours que sa mémoire, il répétait deux mille mots détachés, dans le même ordre qu'on les lui avait prononcés. Cornélio Musso, évêque de Bitonto, qui assista au concile de Trente, après avoir entendu un sermon, le récitait tout entier, et même si couramment qu'on eût dit qu'il en était l'auteur.

Le père Menestrier, jésuite, poussait encore plus loin cette même faculté. La reine de Suède, passant à Lyon, voulut lui faire subir une forte épreuve. Elle fit écrire et prononcer trois cents mots les plus bizarres et les plus extraordinaires qu'on pût imaginer; il les répéta tous, d'abord dans l'ordre où ils avaient été écrits, et ensuite dans tel ordre et tel arrangement qu'on lui voulut proposer.

Après ces prodiges de mémoire, en voici d'autres pour le calcul. On a fait mention du nègre Thomas Faller, né en Afrique, et appartenant à mistriss Coxe, qui habitait le Maryland, l'un des treize États-Unis de l'Amérique septentrionale, comme l'un des êtres les plus étonnans pour la facilité de calcul dont la nature ait jamais doué une créature. Un voyageur, bon mathématicien, curieux de vérifier ce qu'on rapportait de prodigieux de cet esclave, lui demanda le nombre de secondes qu'avait vécu un vieillard de soixante-dix ans, quelques mois et quelques semaines. En moins de deux minutes, Thomas Faller eut fait son calcul de tête , et en dit le résultat. Le voyageur prit la plume pour le faire lui-même , et le vérifier ; lorsqu'il eut fini , il dit au nègre qu'il s'était trompé en trop , et que cela ne faisait que tant. — Mon bon maître , répondit celui-ci, vous avez sûrement oublié de compter les années bissextiles..... Cela était vrai : le voyageur refit son calcul , et le résultat se trouva conforme à celui de Thomas Faller.

En 1816, il se trouvait à Paris un Espagnol (M. Cueto, né à la Corogne , ci-devant trésorier des bulles à Orenze, en Galice), étonnant pour calculer, d'un seul coup-d'œil, des nombres considérables. Lorsqu'on lui présente quatorze ou quinze colonnes de chiffres sur une feuille de papier, il n'y jette qu'un regard, et dit à l'instant le total de chaque colonne , et celui de toutes les colonnes additionnées. Qu'on jette devant lui sur une table un litre de fèves ou de pois , il en dit le nombre juste en deux ou trois secondes. Il compte avec la même rapidité un troupeau de moutons qui passe , une poignée de petit plomb de chasse, ou le nombre de feuilles que contient un registre. En promenant ses regards dans une salle de spectacle, il dit le nombre d'individus, la proportion des sexes, et la quotité de la recette perçue à la porte. Une fois, quelqu'un ayant vérifié ce dernier total, le trouva plus fort que la recette effective; mais le contrôleur fit observer que l'excédant porté en compte par l'Espagnol, représentait exactement la valeur des entrées gratuites de ce jour. Le roi d'Espagne possédait, dans un appartement où n'était jamais entré M. Cueto, un grand tableau représentant un peuple immense réuni dans une vaste place. Curieux de savoir si le calculateur improvisateur disait exactement le nombre de figures contenues dans ce tableau, il le lui montre un instant, et lui demande le total des têtes qu'il aperçoit. — Sire, il y en a tant, répond sans hésiter M. Cueto. On vérifie scrupuleusement devant lui, et l'on en trouve une de moins. — C'est que vous n'avez pas compté cette petite, répond-il; on ne voit, il est vrai, que le bout de son nez; mais ce nez suppose une tête, et j'ai dû la compter.

Mais de toutes les facultés extraordinaires dont il soit fait mention, la plus étonnante à nos yeux est celle du paysan dont nous allons nous entretenir, en racontant l'histoire suivante, qui est un fait authentique.

Le 5 juillet 1692, un marchand de vin et sa femme, à Lyon, furent tués à coups de serpe dans une cave, et leur argent fut volé dans leur boutique. On ne put ni soupçonner ni découvrir les auteurs du crime. Un voisin fit venir à Lyon un paysan du Dauphiné, nommé Jacques Aymar, en réputation de découvrir les sources, l'or et l'argent cachés, les voleurs et les meurtriers, par le moyen d'une baguette qui tournait entre ses mains. Aymar arrive, et promet au procureur du roi d'aller sur les traces des coupables, pourvu qu'il commence par descendre dans la cave où l'assassinat a été commis. Le lieutenant criminel et le procureur du roi l'y conduisent. On lui donne une baguette du premier bois que l'on trouve, il parcourt la cave : à l'endroit précis où le marchand avait été assassiné, Aymar fut ému, son pouls s'éleva comme dans une grosse fièvre; la baguette qu'il tenait tourna rapidement, et toutes ses émotions redoublèrent sur la place où l'on avait trouvé le cadavre de la femme. Après cela, guidé par la baguette ou par un sentiment intérieur, il sortit de la cave et de la boutique, et suivant dans les rues la piste des assassins, il entra dans la cour de l'archevêché, sortit de la ville par le pont du Rhône, et prit à main droite le long de ce fleuve. Des personnes qui l'escortaient furent témoins qu'il s'apercevait quelquefois de trois complices; quelquefois il n'en comptait que deux. Mais il fut éclairci de leur nombre en arrivant à la maison d'un jardinier, où il soutint opiniâtrément qu'ils avaient entouré une table vers laquelle sa baguette tournait, et que, de trois bouteilles qu'il y avait dans la salle, ils en avaient touché une sur laquelle la baguette tournait aussi. Deux enfans de neuf à dix ans, qui le niaient par la peur d'être punis d'avoir tenu la porte ouverte contre la défense de leur père, avouèrent bientôt que trois hommes qu'ils dépeignirent, s'étaient glissés dans la maison, où ils avaient bu le vin de la bouteille que l'homme à la baguette indiquait.

Cette découverte fit voir que Aymar n'en imposait pas. Toutefois, avant de l'envoyer plus loin, on crut à propos de faire une expérience plus particulière de son secret. Comme

2

on avait trouvé la serpe dont les meurtriers s'étaient servis, on prit plusieurs autres serpes de la même grandeur, et on les cacha en terre dans un jardin, sans que cet homme les vit : on le fit passer sur toutes les serpes, et la baguette tourna seulement sur celle dont on s'était servi pour le meurtre. Après cette expérience, on lui donna un commis du greffe, et des archers pour aller à la poursuite des assassins. On fut au bord du Rhône, à une demi-lieue plus bas que le pont; et leurs pas imprimés sur le sable, montrèrent visiblement qu'ils s'étaient embarqués. Ils furent exactement suivis par eau; le paysan fit conduire son bateau dans des directions et sous une arche du pont de Vienne où l'on ne passe point habituellement; ce qui fit juger qu'ils n'avaient point de batelier, puisqu'ils s'écartaient du bon chemin sur la rivière.

Durant ce voyage, le villageois faisait aborder à tous les ports où les meurtriers avaient pris terre, allait droit à leurs gîtes, et reconnaissait, au grand étonnement des hôtes et des spectateurs, les lits où ils avaient couché, les tables où ils avaient mangé, les bouteilles qu'ils avaient vidées.

On arrive au camp de Sablon : le paysan se sent ému ; il est persuadé que les meurtriers sont là , et n'ose pourtant faire agir sa baguette pour s'en convaincre , car il craint que les soldats se jettent sur lui : frappé de cette terreur, il revient à Lyon. On le renvoie au camp avec des lettres de recommandation. Les criminels en sont partis avant son retour. Il les poursuit jusqu'à Beaucaire ; et, dans la route , il visite toujours leurs logis , marque sans se tromper la table et les lits qu'ils ont occupés , les bouteilles qu'ils ont vidées.

Lorsqu'il fut à Beaucaire, il connut par sa baguette qu'ils s'étaient séparés en y entrant. Il s'attacha à la poursuite de celui dont les traces excitaient plus de mouvement à cette baguette. S'arrêtant tout à coup devant la porte de la prison , il affirma qu'il y en avait un là-dedans. On ouvrit , et on lui présenta douze ou quinze prisonniers : un bossu qu'on y avait enfermé depuis une heure pour un petit larcin , fut celui que la baguette désigna pour un des complices. On continua la recherche des autres : Aymar découvrit qu'ils avaient pris un sentier aboutissant au chemin de Nîmes , et le bossu fut conduit à Lyon.

D'abord il nia avoir eu la moindre connaissance, ni du forfait, ni des coupables, et
même avoir jamais été à Lyon : cependant,
comme on le conduisait sur la route où il avait
passé en descendant à Beaucaire, et qu'il fut
reconnu dans toutes les maisons où il s'était
arrêté, il avoua qu'il avait bu et mangé avec
les complices, généralement dans tous les
lieux que la baguette avait indiqués; et ayant
été interrogé à Lyon dans les formes, il ré-
véla que deux Provençaux l'avaient engagé à
tremper dans cette action, comme s'il eût
été leur valet, qu'ils se rendirent tous trois
chez le marchand sur les dix heures du soir,
sous prétexte de faire emplir une grosse bouteille couverte de paille, dont ils étaient
munis; que ses deux compagnons descen-
dirent sans lui dans la cave, avec le marchand
de vin et sa femme; que là ils les tuèrent à
coups de serpe, et remontèrent dans la boutique, ouvrirent un coffre, volèrent cent
trente-huit écus et huit louis d'or; il déclara
qu'ils se réfugièrent la nuit dans une grande
cour, sortirent de Lyon le lendemain par la
porte du Rhône, burent à la maison du jardinier en présence des deux enfans, déta-

chèrent un bateau du rivage, furent au camp
de Sablon , et puis à Beaucaire. Il ajouta que
sur la route ils logèrent dans les mêmes ca-
barets où le paysan l'avait fait repasser au
retour, et reconnaître par les hôtes.

Deux jours après, Jacques Aymar avec la
même escorte fut renvoyé au sentier dont il
a été parlé , pour y reprendre la piste des
autres complices ; et sa baguette le ramena
dans Beaucaire , à la porte de la prison où
l'on avait trouvé le premier : il assurait qu'il
y en avait encore un là-dedans , et n'en fut
détrompé que par le geôlier, qui lui dit qu'un
homme , tel qu'on dépeignait un de ces deux
scélérats , y était venu depuis peu demander
des nouvelles du bossu.

On se remit ensuite sur leurs traces : on
fut jusqu'à Toulon, dans une hôtellerie où ils
avaient dîné le jour précédent ; on les pour-
suivit sur la mer, où ils s'étaient embarqués ;
on reconnut qu'ils prenaient terre de temps
en temps sur nos côtes , qu'ils y avaient couché sous des oliviers ; et malgré les tempêtes,
la baguette les suivit sur les ondes , journée
par journée, jusqu'à ce qu'on reconnût enfin
qu'ils avaient abordé en pays étranger.

Le procès du bossu s'instruisait pendant ce temps ; il n'ajoutait rien à ses premiers aveux qui pût mieux indiquer les deux assas- sins ; mais du moins il ne niait point sa par- ticipation à ce crime. Quand Jacques Aymar fut de retour, l'homme qu'il avait mis sous la main de justice fut condamné, le 3o août, à être rompu vif sur la place des Terreaux, et à passer, en allant au supplice, devant la porte du marchand de vin, où la sentence lui fut lue.

A peine le patient fut-il vis-à-vis de cette maison, que, de son propre mouvement, il demanda pardon à ces pauvres gens, dont il déclara avoir causé la mort en suggérant le vol, et gardant la porte de la cave pendant qu'on les égorgeait.

CHAPITRE II.

HOMMES ET FEMMES D'UNE CONFORMATION SURNATURELLE.

En général, les êtres phénomènes survivent peu de temps à leur naissance. Cependant on fait mention d'une fille qui avait deux têtes, et qui atteignit l'âge de vingt-cinq ans : Cœlius Rhodiginus atteste l'avoir vue en Italie, et nous assure qu'elle était d'une taille parfaite et très-bien proportionnée dans toutes les autres parties de son corps. Licosthène, qui donne aussi des détails sur cette singulière personne, ajoute que les deux têtes avaient même désir de manger, boire, dormir, éprouvaient les mêmes besoins, ressentaient en commun les mêmes affections. Toutes deux parlaient et elles avaient un organe absolument conforme. Cette fille allait de ville en ville demandant sa vie, et elle recevait des aumônes abondantes, tant elle excitait l'intérêt des habitans de tout sexe, de tout rang, de tout âge. Néanmoins elle fut chassée du duché de Bavière, parce que les femmes s'occupant trop de cette duplication de tête, on craignit que leur imagination ne leur fît enfanter des êtres semblables.

Tous les journaux ont fait mention d'une femme nommée Marie Tollaire, de la commune de la Châtre, département de la Gironde qui, le 3 avril 1802, est accouchée d'un enfant du sexe féminin, ayant deux têtes absolument séparées l'une de l'autre, et bien conformées. Nous avons vu le même phénomène à Paris, où la dame Devillers, demeurant rue de Bièvre, a mis au monde en juillet 1820, une fille qui non-seulement avait deux têtes très-fortes, mais en outre trois bras et dix doigts à chaque main.

Julius Obsequens, écrivain latin, qui a composé un recueil sur les prodiges de la nature, raconte qu'à Francino, dans le royaume de Naples, il naquit une fille avec deux têtes, quatre mains et quatre pieds.

Le 5 janvier 1540, il naquit en Allemagne

un enfant avec deux têtes ; mais, par une autre singularité, ces deux têtes avaient la face tournée vers le dos , et elles s'entre-regardaient réciproquement.

En 1546, une femme de Paris mit au monde un enfant ayant deux têtes, deux bras et quatre jambes. Ambroise Paré, célèbre médecin, n'y trouva qu'un cœur, et il infère de là que cet enfant, malgré ses doubles parties, ne formait qu'un seul être. Quelle que soit la duplication du corps d'un individu , dit-il, si le cœur, qui est la source de la vie, se trouve unique , il s'ensuit qu'il ne peut y avoir qu'une vie , et s'il n'a qu'une vie, il n'y a aussi qu'une âme.

Le 26 juillet 1698, la femme d'un pauvre homme nommé Charles l'Ecuyer, accoucha à Mantes-sur-Seine d'un enfant ayant deux têtes, quatre bras , trois jambes et deux na-tures d'homme. Cet être extraordinaire vécut, et on le montra à la foire Saint-Laurent ; tout en lui était dans une juste proportion.

En 1569, une femme de Tours mit au monde deux jumeaux n'ayant qu'une seule

3

tête , et dont les corps distinctement bien conformés s'entre-embrassaient.

Le 1er novembre 1562, il naquit à Ville-franche de Beyran , en Gascogne , une fille dont le corps était parfaitement bien con-formé ; mais elle n'avait point de tête ; son col se terminait seulement en pointe comme un pain de sucre. On envoya ce corps à Am-broise Paré , médecin de Charles IX , qui le conserva comme une curiosité des plus rares.

En 1512 , une femme de Ravennes , en Italie , enfanta un être des plus singuliers qu'on eût jamais vus. Il participait de la na-ture du mâle et de la femelle dans les parties de la génération. Il avait la figure gracieuse et la gorge d'une femme ; une corne se trouvait placée sur sa tête , et au lieu de bras il lui sortait une aile à chaque épaule. Ses cuisses, non séparées , étaient couvertes d'écailles. A la jointure du genou se trouvait un œil ; enfin cette bizarre créature n'avait qu'un seul pied semblable à celui d'un oiseau. Ambroise Paré a fait graver ce phénomène tel que nous le représentons dans ce recueil.

On montre maintenant au public , à Paris,

Fig. 2

Rocquart jne sc.

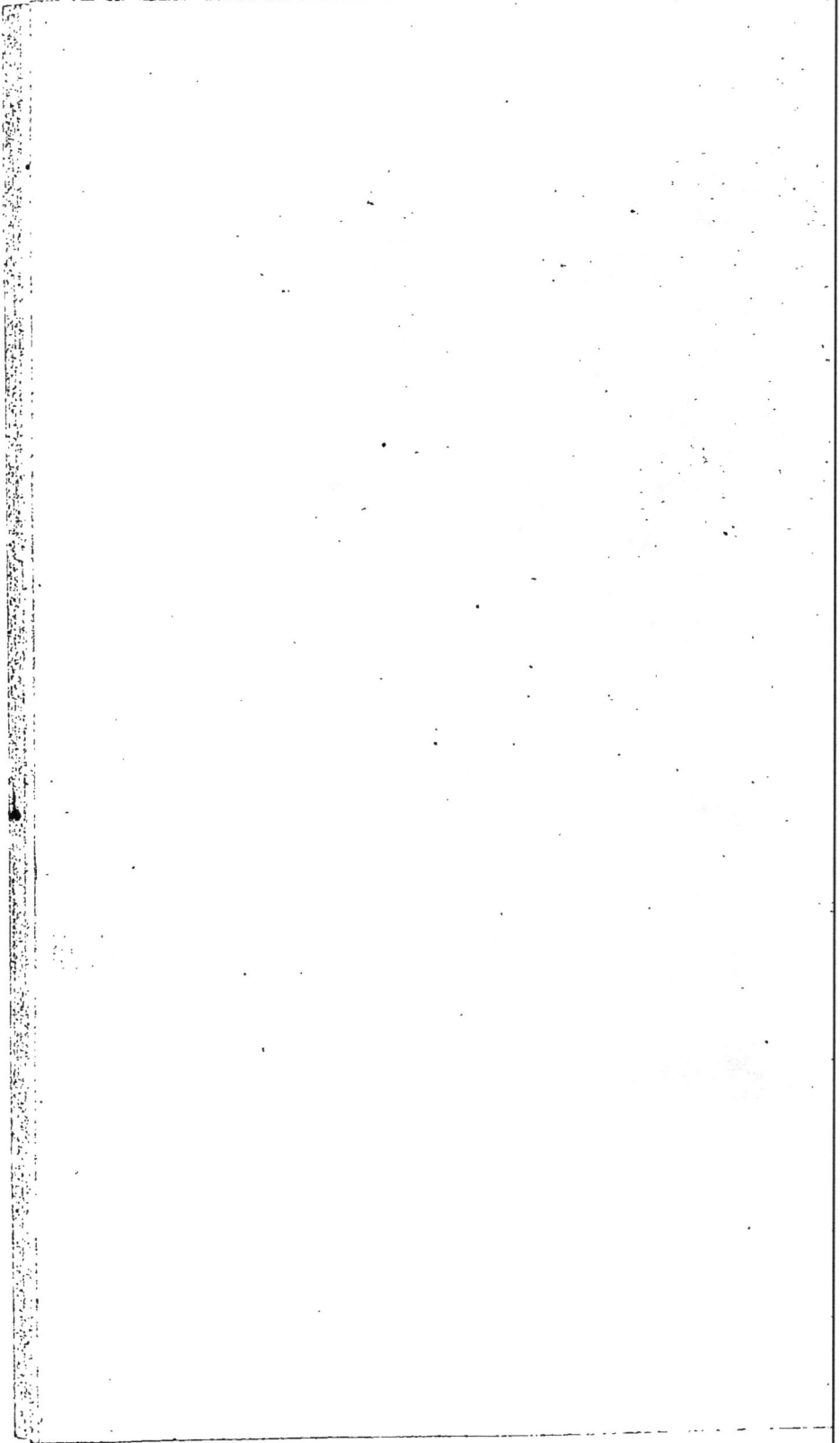

un fœtus monstrueux qui a deux têtes , trois anus, deux canaux de l'urèthre, et qui présente un cinquième membre sortant de l'articulation de l'os sacrum avec les vertèbres.

Artaxercès , roi de Perse , avait les bras d'une telle longueur , qu'étant tout droit il pouvait toucher ses genoux. On a vu à Paris un homme né sans bras, fort et robuste, qui, avec son moignon d'épaule et la tête , lançait une coignée contre une pièce de bois aussi fermement et aussi adroitement qu'un autre homme eût su faire avec ses bras ; il faisait de même claquer un fouet de charretier avec autant de fracas que le plus habile postillon ; il mangeait, buvait, jouait aux cartes, aux dés, avec ses pieds. Enfin ce malheureux avait tant de moyens pour agir, que , malgré la privation de ses mains, il devint voleur et assassin , et fut exécuté à Gueldres.

Parmi ces êtres merveilleux , on cite comme des plus remarquables deux garçons nés à Gênes, dont l'un était adhérent par l'épaule droite à la hanche gauche de son frère, d'où il semblait être sorti; de sorte que l'un était de deux tiers plus grand que l'autre. Le grand portait le nom de Lazare, et le petit celui de

3*

Jean-Baptiste. Le grand mangeait pour les deux, et il était en tout bien conformé; le petit n'a jamais ouvert les yeux : sa tête était volumineuse pour le reste de son corps, ses dents étaient un peu déjetées en dehors de la bouche, qui ne remplissait chez lui que les fonctions de l'anus. Il dormait quand son frère veillait, *et vice versâ.* Il y avait vingt-huit ans que ce couple était né quand il en fut fait mention dans les feuilles publiques, par un naturaliste qui le vit à Copenhague.

En 1475, il naquit à Vérone deux filles conjointes depuis les épaules jusqu'aux reins. Leurs parens étaient des gens pauvres qui les promenèrent dans plusieurs villes d'Italie pour amasser l'argent d'un public curieux de voir ces intéressantes jumelles.

Sébastien Monster rapporte avoir vu, en 1485, au village de Bristant, près Worms, deux filles bien conformées, mais dont les fronts se tenaient ensemble. Elles vécurent ainsi jusqu'à dix ans, s'entre-touchant presque du nez. L'une des deux étant morte, fut séparée de l'autre, qui ne tarda pas à la suivre.

Le 20 juillet 1570, une nommée Pernelle,

femme de Pierre Germain, maçon, demeurant à Paris, rue des Gravilliers, mit au monde deux enfans, mâle et femelle, enlacés l'un avec l'autre ; ils furent baptisés à la paroisse Saint-Nicolas-des-Champs, et reçurent les noms de Louis et Louise.

Le 28 février 1572, une femme nommée Cypriane Girande, épouse de Jacques Marchand, laboureur, demeurant aux Petites-Bordes, sur le chemin de Paris à Chartres, accoucha de deux enfans, dont les corps se réunissaient au bout l'un de l'autre, par le ventre, pour n'en former qu'un. Ces enfans, qui n'avaient pour eux deux qu'une seule partie génitale du sexe féminin, vécurent plusieurs jours ; ce qui donna le loisir à une foule de curieux de voir ce phénomène.

Les journaux de Paris, du 12 février 1818, annoncèrent qu'une femme de campagne, près Montfort-l'Amaury, venait de mettre au monde deux enfans unis ensemble par le bas de la colonne vertébrale, ayant du reste très-distincts tous les organes nécessaires à la vie. Il y en avait un plus faible que l'autre, et dont le sexe n'était point caractérisé. Le plus fort était un garçon bien constitué. Tous deux tétaient leur mère de bon cœur, et paraissaient promettre de bien venir.

Au mois de mars de la même année, nous avons vu dans la capitale une petite fille nommée Rosalie Fournier, née à Marseille le 12 novembre 1815, par conséquent âgée de quatre ans et deux mois et demi. Venue au monde sans jambes ni cuisses, le bout du tronçon de chaque partie représentait une mamelle; elle n'avait à la main droite que quatre doigts, dont deux unis l'un à l'autre, et la main gauche était composée de six os formant six doigts avec des ongles bien marqués. Cet enfant jouissait d'une parfaite santé, et avait une très-jolie figure; les bras et le tronc étaient bien formés dans la plus exacte proportion. Sa mère la promenait de province en province pour la montrer au public, et elle espérait la voir avancer en âge, d'après l'opinion des docteurs des facultés de médecine de Montpellier, Toulouse, Bordeaux, et autres villes où elle avait passé.

Plus récemment encore, on voyait à Paris, moyennant une petite rétribution, un homme

Fig. 3.

Pag. 31.

Hocquart

qui n'avait jamais eu ni cheveux, ni sourcils, ni cils aux paupières, ni barbe au menton, enfin aucun poil sur le corps : il était âgé d'environ cinquante ans, très-gras et bien portant. Il avait les bras arrondis et potelés, et de la gorge comme une femme. Il ignorait le lieu de sa naissance, et n'avait jamais connu ses parens : dans son bas âge, il avait été laissé dans une hôtellerie de Lyon, par des voyageurs qui passaient.

Le 3 mai 1715, il y eut une éclipse de soleil plus sensible à Londres qu'ailleurs. Pendant la grande obscurité, on remarqua un cercle lumineux autour de la lune. A la fin du même mois, une femme de cette capitale mit au monde une fille qui portait sur le front un cercle semblable à celui que la mère avait vu lors de l'éclipse. Ce fait est rapporté dans le 58e volume du *Mercure historique*, publié à la Haye.

En 1516, il naquit en Allemagne un enfant mâle, ayant une tête au milieu du ventre ; cette seconde tête prenait aliment comme l'autre ; l'être extraordinaire ainsi gratifié par la nature, parvint à un âge assez avancé.

Le 4 janvier 1725, il naquit à Blois le nommé Mathurin Voiret, qui avait dans les yeux deux cadrans de montre tracés si régulièrement, qu'on distinguait facilement les douze heures en chiffres romains. On vit quelques années après, à l'Hôtel-Dieu de Paris, un individu dans les yeux duquel on lisait très-distinctement ces mots : *Sit nomen Domini benedictum*, tracés comme autour d'un écu de six livres. Le 14 octobre 1792, on présenta à la Convention un enfant dans les yeux duquel la nature avait gravé un cadran parfait ; et cette assemblée chargea son comité de placer avantageusement cet enfant, né de parens pauvres. Un Journal, du 22 juin 1828 (*la Pandore*), fait mention d'une jeune fille qui a écrit dans les yeux : *Napoléon, empereur*.

Valère-Maxime dit que Drépétine, fille de Mithridate, roi de Pont, avait une double rangée de dents. Au contraire, Pyrrhus, roi d'Epire, et Prusias, fils du roi de Bythinie, ne possédaient qu'une seule dent continue, occupant toute la longueur de la mâchoire, et sur laquelle on voyait de petites lignes qui semblaient la diviser en plusieurs. Boleslaüs, roi de Pologne, avait les dents rangées de travers. Amatus Lusitanus fait mention d'une personne qui avait la langue couverte de poil. Le journal l'*Oriflamme*, du 15 juillet 1823, fait mention d'une femme ayant une double langue.

Le *Mercure historique* du mois de février 1698, rapporte qu'il existait alors dans la ville de Tours un enfant de deux ans auquel il était venu des lettres sur la langue, du second au troisième mois de sa naissance. Il ajoute : « On a continué à les voir depuis ce temps-là, tantôt sur le côté, tantôt sur le haut, tantôt au milieu, et quelquefois sur le bout de la langue. Ces lettres sont comme une broderie d'un gros fil blanc, et souvent comme une grosse soie rouge. Tous les médecins et gens savans qui ont vu cela demeurent d'accord que ce n'est point l'effet d'une envie que la mère de l'enfant ait eue, que cela ne peut procéder d'aucune idée formée de l'imagination de cette mère, parce que ces lettres changent tous les jours, et que même quelquefois il n'y a rien du tout. » Du reste, cela n'empêchait l'enfant ni de parler ni de manger.

En 1708, on voyait chez le comte d'Ericeyra, à Lisbonne, une fille de dix-huit ans, née à Mousaroz, près d'Elvas, en Portugal, qui vint au monde sans langue, et sans aucun vestige de langue, et qui cependant parlait et articulait fort bien, seulement le son de sa voix ressemblait au son de voix des vieillards qui ont perdu leurs dents.

Bayle cite une paysane qui avait quatre mamelles, deux devant et deux derrière, vis-à-vis les unes des autres, et pleines de lait également. Dans trois différentes couches, elle avait eu des jumeaux qui la tétaient des deux côtés. Thomas Bartholin parle d'un homme dont les mamelles fournissaient une si grande quantité de lait, qu'on le tira par curiosité pour en faire un fromage.

Nous avons vu à Paris, en 1817, un ancien religieux de la Trappe, nommé Pierre Pujard, natif de Saint-Mihiel (Meuse), qui a sur la poitrine une excroissance de chair représentant parfaitement une fleur de lis. Le *Mer-*

cure historique du mois d'avril 1698 , parle d'une fille qui vint au monde ayant le ventre semé de fleurs de lis en relief. On lit dans un journal littéraire (*le Figaro*) , du 14 février 1828 , qu'on montrait à Leipsick , un enfant qui porte gravé , en caractères nets et lisibles , sur la partie supérieure de l'articulation coxo-fémorale , une vignette comme celle qui entoure nos billets de banque.

Damascène , auteur grave , atteste avoir vu une fille velue comme un ours, et que la mère avait ainsi enfantée , dit-il , parce qu'à l'instant de la génération elle fixait ses regards sur un tableau représentant Saint Jean dans le désert , et vêtu d'une peau de bête. En 1747, il naquit à Alcanède, bourg de l'Estramadure, une fille nommée Marie , dont tout le corps était absolument couvert de poils de différentes couleurs , de la longueur d'un pouce ; sur les lèvres seulement ils étaient plus courts. On ne lui voyait point du tout de chair, excepté les yeux , encore étaient-ils presque cachés par les poils des sourcils , qui avaient un pouce et demi de long. Sa mère avait un chat blanc qu'elle aimait si fort , qu'elle lui

permit de venir , selon son habitude, se four-
rer dans son lit , même la première nuit des
noces. Cela ne plut pas trop au mari, qui dit
en riant à la nouvelle épousée qu'il craignait
que cela ne lui fît faire un enfant ressemblant
à un chat. La mère de Marie eut sans doute
l'imagination frappée par ces paroles : sa fille
s'éleva très-bien. L'auteur qui rapporte son
histoire l'avait vue à Lisbonne , âgée de sept
ans , et jouissant d'une parfaite santé.

Les poètes persans appellent la lune dans
son croissant le *sourcil de Zal*, parce que
ce héros, qui illustra la Perse par ses exploits,
était né couvert d'un poil blond et doré.
L'Ecriture nous apprend qu'Esaü est venu
au monde ayant également le corps couvert
de poils.

On lit dans l'*Eléonoriana*, par M. de la
Bouïsse , une notice sur une Eléonore, née et
mariée à Cayenne avec un gentilhomme lieutenant de vaisseau , et major de Saint-Domin-
gue. Cette créole , grande , belle , bien faite,
et ayant de l'esprit, avait le visage, le col ,
et la partie supérieure de la gorge d'une blancheur éblouissante ; les bras , jusqu'au des-

Fig. 4. *Pag. 37.*

Hocquart fecit

sous des coudes, étaient de même ; mais tout
le reste du corps était d'un noir de jais le
plus beau et le plus lustré qu'on pût voir.
Cette dame disait ne pas savoir d'où ce mé-
lange de couleur pouvait provenir, étant née
comme cela, et sa mère n'ayant pu se souvenir
qu'aucun objet eût assez vivement frappé son
imagination pour avoir produit un effet aussi
bizarre que fâcheux pour elle.

En 1530, il vint à Paris un homme, du
ventre duquel sortait un autre individu bien
formé de tous ses membres, excepté la tête :
ce personnage curieux était âgé d'environ
quarante ans ; il portait ce corps entre ses
bras ; on courait en foule pour contempler
un tel phénomène qui n'a pas été unique, car
le marquis de l'Hôpital, ambassadeur de
France à Naples, a vu dans cette ville, en 1742,
un homme qui portait relevé sur sa poitrine
une croupe d'enfant mâle, avec cuisses,
jambes et pieds, et qui lui sortait également
de la région épigastrique.

On rapporte qu'en 1777, il y avait à
Vienne, en Autriche, un jeune homme né
sans bras, qui, avec les orteils des pieds,

conduisait habilement un pinceau et peignait très-bien le portrait. Nous pouvons d'autant mieux croire ce fait, que nous possédons en France un semblable phénomène dans le jeune César Ducornet. Ce fils d'un artisan de Valenciennes, venu au monde sans bras, s'est néanmoins tellement perfectionné dans l'art du dessin en maniant le crayon avec son pied droit, qu'appelé au concours de l'Académie royale de Paris, en 1824, il a été jugé digne d'être admis le second sur deux cent vingt-cinq concurrens. Le Roi a daigné accorder à cet intéressant élève une pension de 1200 fr. pour le mettre à même de vivre tranquillement en cultivant un talent qu'il doit à une opiniâtre résolution de lutter contre le tort de la nature à son égard.

CHAPITRE III.

GÉANS DES TEMPS ANCIENS ET MODERNES.

On lit dans la Bible que Og, roi de Basan, le dernier de la race d'Enoch, avait sept coudées, qui sont équivalentes à onze pids, la coudée étant évaluée à dix-huit pouces. Il est rapporté que Goliath, vaincu par David, avait six coudées et trois palmes de hauteur; la palme pouvait valoir trois pouces; il s'ensuit que Goliath avait environ dix pieds. L'Ecriture Sainte fait aussi mention d'Arapha, géant philistin, remarquable non-seulement par sa stature, mais encore parce qu'il avait six doigts à chaque main et à chaque pied.

Hérodote cite un capitaine des troupes de Xercès, qui avait cinq coudées (sept pieds

six pouces). Nous avons parlé au chapitre I
de la force prodigieuse de l'empereur Maxi
min : on prétend qu'il avait huit pieds d
hauteur ; les bracelets de sa femme pouvaient
dit-on , lui servir de bague. Pline parle d'u
géant nommé Gabbara, qu'on amena d'Arabi
à l'empereur Claude, comme un phénomène
parce qu'il avait la même taille que Goliath
L'historien Josephe en dit autant d'un nomm
Eléazar , né en Judée , haut de sept coudée
(dix pieds huit pouces), qu'on adressa
l'empereur Tibère. Deux individus , nommé
Pusio et Scundilla , qui vivaient du temp
d'Auguste , avaient plus de dix pieds , selor
le rapport de Solin. Philostrate dit que Gan-
ges, roi des Indes, avait quinze pieds. Aventin
raconte que l'empereur Charlemagne avait
dans son armée un géant nommé Ænothère,
natif de Turgau , près le lac de Constance , et
que ce colosse renversait les bataillons ennemis comme s'il eût fauché un pré. Des historiens font mention d'un géant , nommé
Ferragut, qui avait dix-huit pieds, fut tué de
la main de Roland , ce neveu de Charlemagne,
qui périt à la bataille de Roncevaux , et que
nos premiers romans ont rendu si célèbre.

Ces géans ne sont, pour ainsi dire, que des poupées en comparaison de ceux que nous allons citer. Saxo le grammairien fait mention, dans son septième livre, d'un nommé Hartebenunf, qui avait pour compagnons douze autres géans comme lui, ayant vingt-huit pieds. Philostrate rapporte qu'on découvrit sur la rive d'Oronte le sépulcre de l'Ethiopien Ariadne, dont le corps ayant été mesuré, fut trouvé de trente-trois coudées de longueur (près de cinquante pieds).

On lit dans le Ve chapitre du VIIe livre de l'histoire naturelle de Pline, qu'une montagne ayant été renversée en Crète, par un tremblement de terre, il s'y trouva un corps humain replacé debout par cet événement, et qu'il avait quarante-six coudées de hauteur (soixante-neuf pieds). On crut, ajoute le célèbre naturaliste, que c'était le cadavre du géant Orion, ou celui d'Otys.

Thomas Tafellus rapporte dans sa Description de la Sicile, qu'en 1342 quelques villageois ayant creusé du côté de l'orient, au pied du mont Erix, que les Siciliens appellent *Monte di Trapani*, ces gens découvrirent

4

une grande caverne , depuis appelée *Caverne du Géant*, où ils trouvèrent le corps d'un colosse, ayant à la main pour bâton un mât de navire plombé, et pesant quinze cents livres.

A Cailloubella , village à six lieues de Thessalonique , en Macédoine , on découvrit le squelette d'un individu de quatre-vingt-seize pieds. Le P. Jérôme de Rhétel , missionnaire au levant, qui écrivait ce fait, ajoutait dans sa lettre, 1° que le crâne du géant avait été trouvé entier; qu'il contenait six guilots de blé , pesant deux cent dix livres ; 2° qu'une dent qui tenait à la mâchoire inférieure en ayant été arrachée, elle pesait quinze livres : elle avait, dit-il, un pan de hauteur , c'est-à-dire sept pouces deux lignes de notre mesure; 3° que la dernière phalange ou le plus petit os du petit doigt du pied avait aussi un pan de longueur; 4° qu'un des os de l'avant-bras, depuis le coude jusqu'au poignet, avait quatre pans de tour, et que deux capitaines avaient mis aisément dans le creux de cet os leurs bras revêtus de leurs veste et juste-au-corps à grandes manches.

Plutarque nous indique un autre géant bien plus remarquable encore, lorsqu'il rapporte que Sertorius étant en Mauritanie, fit ouvrir dans Tanger le sépulcre d'Antée, et qu'on trouva son cadavre ayant soixante-dix coudées de longueur, ce qui revient à cent cinq pieds de notre mesure.

Il est fait mention dans les Dissertations de l'Académie des belles-lettres, que M. Henrion y apporta, en 1718, une espèce d'échelle chronologique de la différence des tailles humaines, à partir de la création du monde : il y assignait à Adam cent vingt-quatre pieds, et à Eve, cent dix-huit pieds neuf pouces.

On voit que depuis Adam jusqu'à Goliath, l'homme était bien déchu de sa grandeur corporelle : la décadence depuis lors jusqu'à nous n'a pas été aussi sensible, et il paraît qu'il y a long-temps que l'espèce humaine est descendue à la hauteur où nous nous trouvons, et où nous nous maintenons. Il apparaît cependant encore de temps à autre des individus mâles et femelles que la nature semble vouloir rapprocher de nos premiers pères par quelque proximité de leur haute stature. Haymon, né dans le Tyrol, au quinzième siècle, avait seize pieds, et assez de force, dit-on, pour porter un bœuf d'une main. On montre son tombeau dans le château d'Umbras, à une lieue d'Inspruck. A côté du squelette d'Aymon, est celui d'un nain qui fut la cause de sa mort. Ce nain ayant délié le cordon d'un soulier du géant, celui-ci se baissa pour le renouer; le nain profita de ce moment pour lui donner un soufflet. Cette scène se passa devant l'archiduc Ferdinand et sa cour; on en rit, ce qui causa tant de peine à Haymon, que peu de jours après il en mourut de chagrin.

Bernard Gilli, aussi né dans le Tyrol, avait onze pieds; il parcourut la France en 1764. A l'âge de neuf ans, sa taille n'excédait point celle des autres enfans; mais, dès ce moment, ses membres se développèrent et s'étendirent d'une manière surprenante.

Nous avons connu à Paris le sieur Frion, natif de Perpignan, qui a été pendant quelque temps au Conservatoire des arts et métiers. Cet homme avait six pieds neuf pouces,

et était bien proportionné. Dans les rues où
il passait, tout le monde s'arrêtait pour le
regarder. Il ne pouvait faire usage d'aucune
voiture publique sans se tenir courbé; et il
y a une grande quantité de logemens dans
Paris où il lui eût été impossible d'habiter,
faute que les planchers eussent un degré suf-
fisant d'élévation. Un jour au parterre de
l'Opéra, quand le spectacle commença, un
seul homme placé au milieu semblait demeurer debout; et ceux qui étaient placés sur les
banquettes de derrière s'époumonaient en lui
criant de s'asseoir; c'était notre géant: il fut
obligé de se lever pour faire remarquer que
l'homme que l'on voulait faire asseoir était
assis. Buonaparte se montra curieux de l'a-
voir pour tambour de sa garde : Frion refusa,
en disant qu'il ferait paraître ses grenadiers
trop petits. Cet homme avait dans ses goûts
et ses habitudes toutes les manières, et même
jusqu'aux caprices des femmes. Il est mort
à Perpignan le 10 janvier 1819, âgé de quarante - cinq ans. Depuis quelque temps son
corps semblait s'affaisser sous le poids de sa
hauteur; sa voix était devenue sépulcrale, et
tout faisait présager la prochaine destruction

de cet être gigantesque. Il s'est éteint en s'ha-
billant, après s'être rasé. L'idée qu'un jour
sa dépouille mortelle pourrait devenir le sujet
d'observations de physiologie, avait de tout
temps été présente à son imagination ; elle fit
le tourment de sa vie. Après son inhumation,
le bruit courut qu'on avait enlevé son corps
du cimetière. La famille obtint de l'autorité
compétente qu'on s'assurerait du fait d'une
manière authentique et légale. On ouvrit la
fosse, et l'on put se convaincre que les bruits
publics étaient dénués de fondement.

En janvier 1820, un grand nombre de
curieux de la capitale se rendaient au café
des Artistes, rue Bourbon-Villeneuve, pour
y admirer une jolie femme de vingt-deux
ans, qui était venue de Reims, son pays natal,
pour tenir le comptoir de cet établissement :
elle avait six pieds trois pouces. Il paraît que
ce territoire de Reims a produit plus d'un
phénomène de ce genre. Nous avons vu, dans
le cabinet du célèbre Bernard de Jussieu, une
tête humaine d'un aspect monstrueux qui lui
a été donnée par un médecin qui l'avait
trouvée au village de Sacy, près de ladite

ville, dans une tranchée que l'on fit à quinze pieds de profondeur. Elle pèse six fois autant qu'une tête ordinaire, et son volume est plus que quadruple de celui de toute tête ordinaire; elle a dû par conséquent appartenir à un être colossal.

Ce que nous avons vu de plus remarquable parmi les personnes d'une stature extraordinaire, ce sont deux personnages, frère et sœur, nommés Gigli, natifs de la vallée de Lèdre, dans le Tyrol italien, lesquels se trouvaient à Paris en août 1826. Le frère avait vingt-trois ans, de belles formes, et sa taille était de sept pieds deux pouces. La sœur, âgée de dix-huit ans, avait six pieds deux pouces, une physionomie d'une mâle beauté; toutes ses manières étaient remplies de grâces.

Après ces colosses, qui appartiennent à l'âge viril, nous citerons deux exemples d'enfans géans. L'un, nommé Jacques-Aimé Savin, né à Montmorillon, le 20 octobre 1817, se trouvait à Paris au commencement de 1821; il avait par conséquent trente-neuf mois : il présentait l'aspect d'un enfant de neuf ans, et sa voix était aussi forte que celle d'un homme des plus robustes.

L'autre, nommé Meunier, existe à Moui, département de l'Oise. Dès l'âge de trois ans, il était formé comme l'homme qui atteint sa majorité. A cinq ans, il était parvenu à la taille de cinq pieds ; mais il ne grandit point dans les quatre années suivantes, au bout desquelles nous le vîmes. Gros et fort, il portait alors un sac de blé aussi facilement que les hommes les plus robustes de nos halles. Ses parens nous dirent qu'il était dans le cas de boire douze bouteilles de vin sans se faire mal ; qu'il battait une douzaine de camarades de son âge ; qu'il était obligé de se raser deux fois la semaine. Enfin, extraordinaire en tout, cet enfant était, dès sa neuvième année, ce que sont, à l'âge de trente ans, les hommes les mieux constitués.

CHAPITRE IV.

———

Chez les Romains, les nains étaient devenus un objet de luxe et d'ostentation. Auguste, Tibère, Marc-Antoine, avaient des nains dans leurs palais. Domitien en avait rassemblé un assez grand nombre pour en faire une troupe de gladiateurs. Du temps des seconds Césars, ces petits êtres devinrent un objet de commerce, tellement que des marchands, voulant se procurer un plus grand nombre de nains à vendre, imaginèrent de serrer des enfans dans des boîtes avec des bandelettes, faites avec art. Mais nous ne parlerons ici que de véritables nains.

On lit dans Tournefort, que ces miniatures d'hommes sont recherchées en Turquie pour

5

les amusemens du grand-seigneur : ils tâchent de le divertir par leurs singeries, et ce prince, dit-il, les honore parfois de quelques coups de pied. Il ajoute que, s'il se trouve un nain qui soit né sourd, et par conséquent muet, il est regardé comme le phénix du palais, et admiré plus que ne le serait le plus bel homme, surtout si ce magot est eunuque.

Henriette de France, femme de Charles Ier, roi d'Angleterre, avait un nain nommé Jefferi Hudson, qui se conserva à la hauteur de dix-huit pouces, depuis l'âge de dix-huit ans jusqu'à trente; il parvint alors brusquement à la hauteur de trois pieds neuf pouces. Quelques auteurs rapportent qu'à la même époque il y avait dans l'armée anglaise un nain, qui par sa bravoure était parvenu au grade de capitaine. Un seigneur de la Cour l'ayant raillé sur sa petitesse, il l'appela en duel ; et, quoique le combat parût fort inégal, le nain remporta la victoire, et étendit sur la place son adversaire.

Dans l'église de Saint-Sauveur, au bourg de Southwark, qui n'est séparé de Londres que par la Tamise, on voit un tombeau érigé en mémoire d'un nain : l'inscription porte qu'il n'avait que quinze pouces , et qu'il mourut à l'âge de quatre vingt-douze ans.

Stanislas , roi de Pologne , avait un nain connu sous le nom de Bébé , et dont le véritable nom était Nicolas Ferry ; il naquit en 1741, à Pleines , dans les Vosges. En venant au monde, il n'avait que huit pouces de long , et pesait à peine une livre. Son père, qui était un paysan , le présenta au baptême sur une assiette , et pendant toute une année il eut pour berceau un sabot garni de laine.

Selon le rapport d'Hérodote , on montrait dans la ville de Chemnis, en Egypte, un soulier du fameux Persée , lequel soulier avait deux coudées de longueur (trente - six pouces) : quelle différence avec les premiers que porta Bébé , qui n'étaient pas plus grands qu'une coquille de noix ! Il n'atteignit jamais plus en hauteur que la longueur du soulier de Persée. Ce nain fut amené à Paris , et l'on raconte que, sortant un jour de la rue Dauphine pour traverser le Pont-Neuf, quelqu'un le reconnut et le nomma. La foule accourut de toutes parts , croyant l'entourer pour le

5*

contempler à son aise. Bébé, peu jaloux de se donner en spectacle, s'enfuit par le quai de la Vallée, et entra dans la rue des Grands-Augustins. Les curieux suivirent ses traces, et arrivèrent presque aussitôt; mais le personnage avait disparu. On eut beau le chercher, on ne le trouva point, et cependant il était devant tous les yeux : passant contre la boutique d'un bottier, le petit espiègle s'était glissé dans une botte forte qui se trouvait exposée au dehors.

Stanislas ayant entendu parler de ce nain, désira le posséder, et l'obtint de ses parens. Bébé vint donc à Nancy, où le roi de Pologne, forcé d'abandonner ses états, s'était retiré. On tenta, mais inutilement, de lui donner quelque instruction; seulement il aimait la musique, et paraissait prendre plaisir à entendre quelques instrumens; il battait même la mesure avec assez de justesse; on était aussi parvenu à lui faire exécuter les danses de son pays; ce fut là tout ce qu'il put apprendre. Madame la princesse de Talmont l'avait pris en affection, et Bébé lui témoignait aussi un grand attachement. Voyant un jour la princesse caresser une petite chienne, il l'arracha de ses mains avec fureur, en disant : « Pourquoi l'aimez-vous mieux que moi ?» Le sentiment de l'amitié fit bientôt place aux feux de l'amour, le nain ayant rencontré une autre petite créature qui lui ressemblait ; nous voulons parler d'une des deux naines qui existaient à Hadol, près Epinal, dans le même département, Thérèse Lesauvay, née en 1744, et Barbe Lesauvay, née en 1746. Bébé ayant vu le portrait de cette dernière, en devint éperduement amoureux, et, suivant l'usage pratiqué pour les princes, son gouverneur vint en ambassade la demander en mariage pour l'enfant gâté de la cour de Nancy ; mais les parens de Barbe croyant que de tels petits êtres n'étaient pas nés pour le mariage, refusèrent de consentir à cette union. En apprenant ce refus, Bébé devint comme un petit furieux, et il en prit du chagrin. On prétend qu'une gouvernante abusa de ses désirs amoureux, et l'on attribue aux excès de Bébé avec cette femme l'avancement de sa carrière ; son teint se flétrit, son dos se courba ; dès sa vingt-deuxième année il tomba dans une espèce de caducité, et il mourut le 19 juin 1764, à vingt-trois ans,

comme accablé sous le poids de la vieillesse.
M. le comte de Tressan lui fit cette épitaphe :
« Ci-gît Nicolas Ferry, lorrain, jeu de la na-
» ture, merveilleux par la petitesse de sa
» structure, chéri du nouvel Antonin ; vieux
» dans l'âge de sa jeunesse. Cinq lustres fu-
» rent un siècle pour lui. »

En 1819, tout Paris a couru voir au théâtre
de M. Comte, Barbe Lesauvay, que depuis la
demande en mariage du nain de Stanislas, on
a toujours appelée madame Bébé ; elle était
donc dans sa soixante-treizième année ; sa
hauteur était de trente-quatre pouces. Thérèse l'avait accompagnée ; elle avait quatre
pouces de plus que sa sœur : toutes deux
étaient très-bien conservées, et l'on se plaisait
à leur voir chanter et danser les vieux airs de
leur pays. Nous avons aussi vu mademoiselle
Turmil, nièce de madame Bébé, qui avait
trente-cinq ans, et était haute de trente-neuf
pouces.

Saint-Foix, auteur des *Essais historiques
sur Paris*, a vu chez la comtesse Humiecka,
un Polonais nommé Joseph Borwilaski, qui,
à l'âge de vingt-deux ans, n'ayant que vingt-

huit pouces, devint amoureux d'une jeune demoiselle, aimable, belle, qu'il épousa, et dont il eut deux enfans. Borwilaski avait la taille bien proportionnée, les yeux assez beaux; sa physionomie était douce. Son père et sa mère, d'une taille au-dessus de la médiocre, avaient eu six enfans : l'aîné avait six pouces de plus que Joseph, qui était le second; trois autres frères qui vinrent après lui à un an de distance les uns des autres, eurent tous trois environ cinq pieds six pouces, et le sixième enfant, qui était une fille jolie de figure et ayant des formes très-gracieuses, ne grandit pas au-delà de vingt et un pouces.

En 1766, près d'Herford, dans le comté de Galway, il s'est fait un mariage assez singulier, entre deux personnages très-remarquables par la petitesse de leur stature. Le sieur Ford, ayant vingt ans et quarante-deux pouces de hauteur, épousa la demoiselle Beddeave, qui touchait à sa vingt-troisième année, et n'avait pas plus de trente-neuf pouces.

Louis XIV étant à Fontainebleau, on lui présenta dans un plat d'argent, un petit homme couvert d'une serviette, qui se leva subitement, et fit son compliment au roi en ces termes : « Ah ! le plus grand des monarques, je suis le plus petit de tes serviteurs, mais aussi je suis le plus humble et le plus soumis. » Ce nain, très-bien conformé, avait seize pouces, une barbe bien fournie ; il était âgé de trente-six ans.

On voyait à Paris, en 1802, un couple de nains forts curieux. L'homme, appelé Jean Hauptmann, âgé de dix-neuf ans, avait vingt-six pouces, et la jeune fille, Nannette Stocker, vingt-cinq pouces. Celle-ci, âgée de vingt ans, joignait à une figure très-gracieuse, l'élégance des formes les plus parfaites ; elle était d'une blancheur extrême ; des femmes mêmes lui enviaient la beauté de sa gorge ; son bras était des mieux arrondis, sa main potelée, son pied des plus mignons ; elle avait la jambe, comme on dit, faite au tour ; elle mettait beaucoup de coquetterie dans sa toilette, et l'on remarquait dans toutes ses manières une grâce et une élégance rares. Nannette parlait plusieurs langues, et répondait avec beaucoup d'esprit, de finesse et d'enjouement à toutes les questions des spectateurs ; elle travaillait fort bien à toutes sortes d'ouvrages d'aiguille ; lisait, écrivait, chantait, dessinait avec goût, touchait du piano avec beaucoup de précision, et dansait avec une extrême légèreté. Son petit compagnon jouait passablement du violon. Le jour que nous étions allé visiter ces deux êtres intéressans, quelqu'un ayant demandé à Nannette si elle se marierait volontiers avec Jean Hauptmann : « Sans trop pouvoir en » définir la cause, répondit-elle, je désirerais » plutôt épouser un grand mari. » Ce qui fit beaucoup rire toute la société.

Bien peu de Lapons viennent visiter la France. En 1804, on amena dans la capitale un petit habitant de ces lointaines régions, qui n'avait que vingt-neuf pouces, et plus extraordinaire encore en ce qu'il parlait plusieurs langues.

En 1813, un nommé Vivran, natif de Pont-l'Evêque, âgé de trente-trois ans, fut également offert aux regards des Parisiens, parce qu'il n'avait que trente-deux pouces ;

celui-là ne se faisait remarquer que par la petitesse de sa taille.

Mais une naine dont on conservera le souvenir, c'est la petite Babet, surnommée la Lilliputienne, qui, dans le cours de l'année 1818, a été admirée de tout Paris, au cirque de MM. Franconi. Son véritable nom est Barbe Schréier. Elle est née le 31 octobre 1810, à Siégelsbach, petit bourg près de Manheim, dans le duché de Bade. Elle n'avait que six pouces de long en venant au monde, et pesait une livre et demie. A sept ans, elle avait dix-huit pouces, et ne pesait pas tout-à-fait neuf livres. C'est alors qu'elle s'est rendue à Paris, où chacun l'a admirée. De beaux cheveux blonds, des sourcils châtains et bien dessinés, des yeux bleus, un nez aquilin, tel est l'esquisse de son portrait. Une jolie main, une taille bien prise, de justes proportions dans tous ses membres, et une grâce infinie dans toutes ses manières, rendaient l'ensemble de sa personne très-agréable. En la voyant marcher dans le cirque, on eût dit une petite poupée à ressort. Dans la pièce de Gulliver, on la voyait exécuter avec une précision étonnante quelques manœuvres , son escopette sur l'épaule. Quoique faible en apparence , elle soulève avec adresse une chaise, une table et autres meubles faits à sa convenance. Il était curieux de la voir monter , par le moyen d'une échelle, sur un petit coursier qu'elle faisait trotter étant maintenue par deux écuyers. Babet parle la langue allemande , et elle s'efforçait alors de parler aussi la langue française. La musique lui fait un grand plaisir ; elle a l'ouïe très-fine. Cette jolie petite créature a déjà beaucoup voyagé avec son père qui l'a long temps portée dans son chapeau, qu'il recouvrait de son mouchoir de poche.

Valmont de Bomare cite un nommé Pierre Danislow Bereschny, fils d'un cosaque du régiment de Lubni , lequel naquit sans bras , et qui , à l'âge de trente-trois ans , n'avait que vingt-neuf pouces. Ce nain écrivait couramment et lisiblement les langues russe et latine avec le pied gauche. Il faisait des dessins à la plume aussi beaux que des gravures. Il jouait aux cartes et aux échecs, remplissait lui-même sa pipe , tricottait des bas avec des aiguilles de bois fabriquées par lui. Il se débottait et mangeait à l'aide du pied gauche ; enfin, il exécutait une foule de choses incroyables.

Nous avons eu un nain parmi les littérateurs: Nicolas Augret, auteur du *Traité du méthodisme*, qu'il composa à vingt-six ans, n'avait pas plus de trois pieds de hauteur.

CHAPITRE V.

ÊTRES MONSTRUEUX OU AÉRIFORMES.

***

DENIS, tyran d'Héraclée, dans le Pont, était d'une grosseur si excessive, qu'il avait honte de lui-même, et n'osait se montrer en public. Lorsqu'il donnait audience ou rendait la justice, il s'enfermait dans une espèce d'armoire dans le genre de nos confessionnaux, d'où il pouvait tout entendre et tout voir sans être vu.

Strabon parle d'un nommé Chiapin Vitelli, devenu d'une telle grosseur, qu'il se vit réduit à porter une bande attachée au cou pour soutenir son ventre. Excédé de sa rotondité, il prit la résolution de n'user que de vinaigre au lieu de vin; par ce moyen il diminua le poids de son corps de quatre-vingt-sept livres;

alors il s'enveloppait de la peau de son ventre affaissé, comme d'un manteau.

Le cardinal Duprat, légat du pape et chancelier de France, était si gros que l'on fut obligé d'échancrer sa table à manger ; il ne pouvait plus en approcher, étant assis, à cause de l'énorme ampleur de son ventre.

Un nommé Edmond Brigth, né à Malden, comté d'Essex, où il est mort le 10 novembre 1750, à l'âge de vingt-neuf ans, avait cinq pieds neuf pouces et demi de haut, c'est une grande taille ; mais il était encore plus gros que grand, car son corps, mesuré autour du ventre, avait six pieds onze pouces de circonférence ; il pesait six cent neuf livres. Ses habits étaient assez amples pour y faire entrer sept hommes ordinaires.

Madame la baronne de Thunder-ten-Tronch, qui pesait environ trois cent cinquante livres, s'attirait par là, si l'on en croit Voltaire, une très-haute considération, et faisait les honneurs de son beau château de Westphalie avec tant de dignité, que chacun s'empressait de reconnaître que c'était une femme de poids dans ce monde.

Une demoiselle Ahreens, née à Oldenbourg, qui est arrivée à Paris en 1819, l'emporte encore sur madame la baronne : elle avait alors vingt ans ; sa taille est de cinq pieds huit pouces ; elle a six pieds de circonférence, et pèse quatre cent cinquante livres. A ces faveurs prodigieuses de la nature, elle en réunit d'autres plus précieuses : sur ce corps superbe, digne de la Pallas de Velletri, on admire une tête qui semble appartenir à la Vénus de Médicis. Cette belle et extraordinaire personne a eu l'honneur d'être admise devant Louis XVIII et la famille royale, le 17 mars 1820.

On voyait aussi à Paris, en janvier de la même année, une jeune Helvétienne, que l'on surnommait le colosse des femmes. A peine âgée de vingt-un ans, sa taille était de cinq pieds dix pouces, et elle pesait près de trois cents livres. Sa figure, la force de ses muscles, la grosseur de ses membres, tout enfin chez elle est d'une harmonie parfaite ; elle réunit également à ses formes étonnantes un extérieur très-agréable. Cette nymphe de la Suisse était parée de son costume national ; la candeur, la naïveté, la simplicité, si particulières aux habitans des montagnes, brillaient sur son visage.

A la même époque, il est arrivé de Douvres à Ostende une anglaise de trente-un ans, pesant cinq cent soixante huit livres. On annonçait que cette femme, restée veuve avec deux enfans, allait parcourir la Belgique et la France, pour trouver à y conclure une union assortie; et qu'elle avait déclaré qu'elle se contenterait d'un mari de six quintaux.

En mars 1825, on voyait à Commercy une fille de dix-sept ans, de taille ordinaire ; mais d'un tel embonpoint qu'elle pèse trois cent cinquante-deux livres.

En juillet 1822, on a présenté au Roi, au relais du Trou-d'Enfer, un enfant de cinq ans, de la taille de quatre pieds, et du poids de cent dix-sept livres.

En 1819, nous avons vu à Paris un gros garçon de trois ans et demi, né à Saint-James-sur-Loire, et pesant deux cent dix livres. Mais cè n'est qu'une poupée en comparaison de celui que Linné dit avoir vu à Amsterdam. Il pesait cinq cents livres de Hollande, et il était si gras, qu'à peine pouvait-il se tenir debout les jambes écartées.

Au mois d'avril 1826, on offrit en spectacle à la curiosité des Parisiens, un être bien différent de ces hommes monstrueux, car il représentait absolument un squelette vivant; sa poitrine est tellement enfoncée, que le sternum est presque adhérent à la colonne vertébrale; ses bras n'ont que deux pouces et demi de circonférence, et ses jambes sont à peu près dans la même proportion, ce qui n'empêche pas ce frêle individu de se bien porter, de parler, d'agir, quoique dans cet état d'étisie porté à sa dernière expression.

Les historiens se sont plu à nous tracer le portrait de Philétas, ce poète élégiaque de la Grèce, qui était si léger, si mince, qu'il avait pris le parti de faire mettre du plomb à sa chaussure, de peur que le vent ne l'emportât.

Une jeune fille nommée Camille, mention-

6

née dans le *Journal général de France*, du 3o juillet 1818, mérite d'obtenir la palme parmi ces êtres aériformes; car on la représente douée d'une telle légèreté, qu'elle courrait, dit-on, dans un champ de blé sur la pointe des épis.

CHAPITRE VI.

HERMAPHRODITES.

FAVORIN, l'un des plus célèbres philosophes du deuxième siècle, était venu au monde hermaphrodite; il n'eut jamais de barbe, et sa voix avait toute la douceur de celle du beau sexe. Quoique dépourvu de cette force d'organe qui prête un certain charme à l'éloquence, l'ascendant de sa brillante élocution sur tous les sophistes de son temps ne lui mérita pas moins le titre de grand orateur. Son talent excita l'envie de la médiocrité, et lui suscita beaucoup d'ennemis. Un mari jaloux l'accusa de l'avoir surpris en adultère; et, malgré son innocence, Favorin eut peut-être succombé sous le poids de cette lâche imposture, s'il n'avait été à même de confondre son accusateur; mais cela lui fut bien facile : on l'avait fait eunuque.

Dans son excellent Traité de médecine, Ambroise Paré nous a tracé le portrait de deux jumeaux qui vinrent au monde, en 1486, au bourg de Rhebarchie, près Heidelberg; ils étaient joints dos à dos. Dans l'un, la tête et la poitrine en se développant acquirent les traits gracieux et les charmes qui caractérisent le beau sexe, tandis que l'autre conserva les formes mâles d'un homme; mais tous deux réunissaient les parties naturelles d'homme et de femme.

Cœlius Rhodiginus fait mention d'un enfant né à Ferrare, le 19 mars 1540, lequel, au moment de sa naissance, avait la taille et la force d'un enfant de quatre à cinq mois : sur un seul corps réunissant le sexe masculin et le sexe féminin, il portait deux têtes, l'une de garçon et l'autre de fille.

Dans l'Histoire des ouvrages des Savans (novembre 1692), on trouve la description d'un sujet que la nature avait embarrassé des deux sexes. Voici ce que l'auteur raconte de cet hermaphrodite : natif d'un village près de Lectoure, en 1669, il ne sait aucune particularité de sa naissance, si ce n'est qu'il a été baptisé comme fille, sous le nom de Marguerite Mallaure. Le curé l'a élevé sur ce pied-là jusqu'à l'âge de quatorze ou quinze ans. Alors il l'envoya à Toulouse, où il a servi en qualité de femme-de-chambre pendant cinq ou six ans. Il tomba malade, et par là on connut l'ambiguïté de son sexe. Il a le teint, la voix, et la délicatesse d'une femme; le sein beau, élevé, bien placé; les cheveux longs, les bras arrondis et potelés. Depuis l'âge de quatorze ans il est nubile. Comme il a été élevé en femme, il en aime l'habit et les occupations; cependant tout annonce qu'il est homme aussi, et il paraît que si on lui permettait de se marier en choisissant de quel sexe il veut être, il préférerait se considérer comme garçon et s'unir à une jeune fille.

Le bruit que fit cette découverte excita le procureur du roi à s'enquérir du fait; et, à sa requête, il a été dit par sentence du 21 juillet 1691, qu'attendu les inconvéniens qui pourraient en arriver, ladite Marguerite Mallaure prendra à l'avenir le nom d'Armand Mallaure, et portera des vêtemens d'homme, lui faisant expresses défenses de prendre le nom et habit de femme, sous peine du fouet.

Lorsque l'auteur contemporain rapportait cela, l'hermaphrodite se trouvait à Paris où il vivait aux dépens des curieux de tout sexe qui s'empressaient d'aller le voir.

Marguerite, à qui il était ordonné d'être Armand, se soumit à l'examen de la faculté de médecine de Paris, et elle dut se croire réellement hermaphrodite après que plusieurs docteurs lui eurent donné le résultat de la consultation qu'elle faisait. Cependant un médecin, nommé Helvétius, jugea différemment de l'état des choses; il en parla à M. Saviard, le Dubois de son siècle, qui, cédant aux sollicitations qu'on lui fit d'examiner ce phénomène, reconnut en effet que ce prétendu garçon ne l'était que par suite d'une descente qu'il réduisit et qu'il guérit radicalement. Marguerite présenta, bientôt après, la requête suivante au roi :

« SIRE ,

» *Marguerite Mallaure* remontre très-humblement à *Votre Majesté*, que par une infortune qui n'a point d'exemple, après avoir vécu jusqu'ici sans savoir qui étaient ses parens, elle se trouve aujourd'hui dans la nécessité de faire déclarer quel est son sexe.

» La suppliante était à peine venue au monde qu'elle perdit son père et sa mère ; et ayant été baptisée par le curé de Pourdiac, en Guyenne, il eut la charité de la faire élever ; mais soit par la négligence de la nourrice, soit par faiblesse de tempérament, soit par quelque effort extraordinaire, elle s'est trouvée avec une descente considérable, appelée en médecine *prolapsus uteri.*

» La suppliante ne se souvient pas d'avoir été d'une autre manière ; elle s'était accoutumée à cette infirmité, et personne n'y ayant pris garde, pour la faire guérir dans son bas âge, elle avait cru que toutes les femmes étaient de même.

» En 1686, âgée de vingt-un ans, elle tomba malade à Toulouse, chez une dame qu'elle servait ; on la porta à l'Hôtel-Dieu, où son incommodité ayant été aperçue par hasard, le médecin, qui sans doute n'en avait jamais vu de pareille, y fut trompé ; il prit la suppliante pour un hermaphrodite, qui lui parut même participer beaucoup plus du garçon que de la fille ; il fit un grand éclat de cette prétendue découverte ; les vicaires généraux furent consultés , et l'on fit prendre un habit d'homme à la suppliante.

» Ce déguisement ne lui étant pas convenable, elle fut à Bordeaux, où ayant repris l'habillement de fille, elle se mit au service d'une dame jusqu'en l'année 1691, qu'un particulier l'ayant reconnue pour celle que les vicaires généraux avaient fait habiller en homme, la fit congédier, et la contraignit de retourner à Toulouse, où ayant été mise en prison pour avoir été trouvée en habit de fille, il fut rendu contre elle une ordonnance des capitouls, le 21 juillet de la même année 1691, portant *qu'elle se nommerait Armand Mallaure, et serait habillée en homme, avec défense de prendre le nom et l'habit de femme, à peine du fouet :* ce qui lui ayant été signifié, elle obéit à ce jugement sans savoir elle-même ce qu'elle était.

» Se trouvant ainsi dépourvue de tous moyens de gagner sa vie, parce qu'elle ne savait aucun métier qui convint à un homme, elle a erré de ville en ville, ne subsistant que de charité, se comportant néanmoins toujours avec sagesse , comme il paraît par différens certificats des magistrats.

» La suppliante était extrêmement à plaindre; incertaine elle-même de son état, elle était prise par les autres pour une de ces chimères, à qui les fables ont donné le nom d'*hermaphrodite*.

» C'est une grande question de savoir, s'il y en a de véritables; mais cette question est plus curieuse à examiner dans les livres des philosophes , qu'elle n'est ici nécessaire à traiter. L'opinion la plus suivie est; que si la nature s'égare quelquefois dans la production de l'homme, ses manquemens ne vont pas à faire des métamorphoses; qu'elle laisse toujours distingué le caractère qu'elle a donné à chaque sexe pour le faire reconnaître : qu'elle ne confond jamais ses marques ni ses sceaux; et que par conséquent il n'y a point de véritables hermaphrodites, en qui les deux sexes soient parfaits, qui puissent engendrer en eux comme les femmes, et hors d'eux comme les hommes.

» Il faut pourtant demeurer d'accord, qu'il

7

a paru quelquefois des sujets d'une conformation extérieure si bizarre, que ceux qui n'ont pu en développer le véritable genre, ont été en quelque façon excusables.

» Mais il n'y avait rien d'approchant dans la suppliante, et s'il se trouve en son accident quelque chose qui tienne du prodige, on ose dire que ce n'est que l'erreur des médecins et chirurgiens de diverses universités du royaume qui l'ont vue les premiers, et qui, par l'examen qu'ils en ont fait, n'ont démontré d'autre vérité que celle de leur ignorance.

» La suppliante a toujours eu la taille, le visage, les inclinations, et les maladies même des femmes ; elle était à la vérité défigurée par l'embarras survenu en sa personne, qui a donné occasion à la faire passer pour homme ; mais au mois d'octobre dernier étant venue à Paris, comme au centre des sciences, pour y consulter des gens habiles et experts, elle n'a pas plutôt été vue par le sieur Helvétius, docteur en médecine, qu'il l'a reconnue sans peine pour ce qu'elle était ; et le sieur Saviard, chirurgien juré de l'Hôtel-Dieu, entre les mains de qui il l'a mise, a si bien rétabli toutes choses en leur place, que l'énigme qui n'était causée que par le dérangement ayant disparu, il ne reste plus rien maintenant qui puisse faire douter que la suppliante ne soit parfaitement fille, suivant les certificats authentiques qu'elle rapporte.

» Ainsi, laissant à part les réflexions qui viennent naturellement dans l'esprit sur un événement si extraordinaire, il ne s'agit plus que de rendre civilement à la suppliante le sexe que la nature lui a donné, le nom qui lui a été donné au baptême, et le vêtement que les lois civiles et canoniques l'obligent de porter, qui sont de toutes les choses du monde les trois qui peuvent le moins nous être ravies, et lesquelles cependant les capitouls de Toulouse ont ôté à la suppliante par leur ordonnance.

» Il est vrai qu'il serait de règle d'appeler de ce jugement, et de relever l'appel au parlement de Toulouse; mais outre que la pauvreté de la suppliante ne lui permet pas de refaire ce long voyage sans s'exposer à de nouvelles disgrâces, sa pudeur y fait encore un obstacle insurmontable, en ce que par un

7*

privilége de la juridiction des capitouls , leurs ordonnances étant exécutoires nonosbtant l'appel , la suppliante ne pourrait paraître à Toulouse en habit de fille , sans se rendre sujette à une punition infamante qu'elle ne mérite pas ; et cependant elle ne peut plus reprendre à présent l'habit d'homme sans choquer la bienséance , sans contrevenir aux ordres de la police , et sans encourir les censures de l'Église.

» Sa modestie souffrirait encore beaucoup par une nouvelle visite et un nouvel examen , à quoi on ne manquerait pas d'assujétir la suppliante : et où elle serait d'autant moins épargnée par les médecins de Toulouse, que ce seraient les mêmes qui l'ont vue la première fois , et qui la traiteraient avec chagrin , et même avec danger de sa personne , comme celle qui a été la cause , quoiqu'innocente , de la découverte de leur peu d'expérience.

» C'est pourquoi l'erreur de fait, qui a seule donné lieu à l'ordonnance des capitouls, étant aujourd'hui entièrement dissipée, la suppliante se trouvant sans parens, sans demeure

fixe et dans l'indigence, tous juges du lieu
où elle se rencontre, peuvent être censés ceux
de son domicile; et n'y ayant d'ailleurs aucune partie ni publique ni particulière, qui
ait intérêt d'empêcher qu'elle ne soit déliée
des peines à elle imposées, elle a sujet d'espérer de la justice de V. M. dont l'autorité
souveraine est au-dessus des procédures inutiles, qu'elle ne fera aucune difficulté d'accorder un arrêt qui lui assure son état.

» *A ces causes,* SIRE, attendu la singularité
de l'espèce qui ne peut être tirée à consé-
quence, plaise à V. M. casser, révoquer et
annuler l'ordonnance des capitouls de Toulouse, du 21 juillet 1691, comme rendue sur
une erreur de fait sur l'état personnel de la
suppliante. Ce faisant, ordonner qu'elle re-
prendra son nom, sa qualité et son habit de
fille; si mieux n'aime V. M. pour satisfaire
aux formes judiciaires, en évoquant à soi et
à son conseil l'appel que la suppliante inter-
jette en tant que de besoin de la même ordonnance, et qu'il lui serait impossible d'aller relever au parlement de Toulouse par les
considérations ci-devant observées; renvoyer

la suppliante par-devant tels autres juges qu'il plaira à V. M. députer et commettre à Paris pour juger la cause d'appel dont il s'agit : leur attribuant à cet effet toute cour et juridiction, et la suppliante continuera ses prières pour la santé et prospérité de *Votre Majesté.* »

M. Lauthier, *Avocat.*

La sentence des capitouls de Toulouse fut annulée.

En 1601, le parlement de Rouen condamna à porter l'habit de femme jusqu'à vingt-cinq ans, à moins qu'il n'en fût autrement ordonné, un hermaphrodite du village de Monstiervillier, nommé Marie Lemarci, qui, après avoir été vêtu et considéré comme fille pendant l'espace de vingt années, s'était marié comme homme avec une veuve nommée Jeanne Lefèvre, laquelle déclarait cependant aux juges que cet époux équivoque remplissait à sa satisfaction les devoirs conjugaux.

En 1761, un autre individu nommé Anne Granjean, se croyant homme, épousa Françoise Lambert. Quatre ans après, la sénéchaussée de Lyon, décréta de prise de corps le prétendu hermaphrodite, le fit mettre dans un cachot les fers aux pieds, et finit par le condamner à être attaché au carcan avec un écriteau portant ces mots : *Profanateur du sacrement de mariage* ; à être ensuite fouetté par l'exécuteur de la haute-justice, et au bannissement perpétuel. Sur l'appel de cet arrêt sévère, Grandjean fut transféré à Paris, et le parlement ayant considéré l'état de l'accusé au moral comme au physique, n'aperçut en lui qu'un individu que la nature elle-même avait trompé. Par arrêt du 10 janvier 1765, la cour infirma la sentence, quant aux peines prononcées contre Anne Granjean, et la confirma quant à l'annulation du mariage, et il lui fut enjoint de reprendre l'habit de femme.

Catherine Barbier, à l'âge de trente-un ans, devint l'objet d'une sentence du bailliage de Vesoul, au mois de février 1782. On l'avait baptisée comme fille, et elle avait paru telle jusqu'à cette sentence, sans qu'on se fût aperçu en aucune façon qu'il fût survenu du changement dans son sexe : sa voix était toute féminine, et elle n'avait point de barbe. Mais le désir de se marier la détermina à faire connaître que de fille elle était devenue garçon.

Le fameux Desrues avait passé pour fille dans sa tendre jeunesse; ce ne fut qu'à douze ans que le caractère distinctif du sexe masculin se développa chez lui.

Lorsque l'être qui se forme doit être un garçon, on ne saurait dire quel soin prend la nature pour en venir à ses fins. A-t-elle peu d'étoffe, et manque-t-elle de force et de chaleur pour produire au dehors ce qui doit le constituer du sexe masculin? Elle dispose alors au dedans les parties génitales, leur ménageant ainsi les moyens de se développer un jour. Ce sont, dit-on, de tels personnages qui sont censés changer de sexe, et qui de filles qu'on les croyait auparavant, se trouvent tout-à-coup transformés en hommes.

Lorsqu'au contraire l'enfant conçu doit être une fille, et que la nature se trouve trop riche pour la formation des parties génitales, elle se détermine à placer au dehors sa surabondance, afin de laisser aux parties internes de cette fille toute leur dimension naturelle pour servir un jour à la génération ; car la nature aime beaucoup mieux déroger dans les proportions des choses superflues, que dans ce qui est nécessaire. Ce sont ces êtres, bien réellement femmes, qui passent assez souvent pour être homme et femme tout à la fois.

Nous citerons quelques exemples à l'appui de l'opinion concernant les prétendues femmes qui se trouvent devenir hommes. Une jeune Espagnole, nommée Marie Pateca, voyant apparaître tout à coup chez elle le signe caractéristique du sexe masculin au moment où elle s'attendait à devenir nubile, quitta aussitôt ses habits de fille ; et son nom de Marie fut changé en celui d'Emmanuel. Cet Emmanuel s'en alla aux Indes où il fit une grande fortune ; après quoi il revint dans son pays, et se maria. Cet époux eût été bien attrapé, si sa jeune femme fût devenue homme à son tour la première nuit de ses noces ! Une telle aventure est arrivée à un autre marié, à ce qu'on lit dans un ouvrage de Le Loyer. Bayle parle aussi de deux jeunes religieuses, à Rome, qui furent bien étonnées un beau matin de se trouver transformées en garçons.

A Vitry-le-Français, une fille de quinze ans qui gardait un troupeau de moutons sauta un fossé pour les empêcher d'aller dans un champ de blé. A l'instant même les parties génitales masculines vinrent à se développer; et quoique cela fût arrivé sans douleur, la pauvre enfant étonnée, stupéfaite, s'en retourna chez sa mère en pleurant, croyant qu'elle s'était blessée. La bonne femme ne pouvant non plus soupçonner autre chose, appela vite des médecins et chirurgiens qui reconnurent que cette fille était simplement devenue garçon. On en fit le rapport au cardinal de Lenoncourt, évêque du lieu, qui lui donna le nom de Germain, en lui faisant prendre les habits d'homme. Ambroise Paré affirme avoir vu cet individu après son changement de sexe.

Ce qui est plus singulier, ce sont ces sortes de transformations survenues tardivement. Pontanus fait mention d'une jeune Émilie qui s'était mariée avec un nommé Antoine Sporla, et qui, après douze ans de mariage, se trouva un beau jour être devenue homme; si bien qu'elle fit casser alors son union mal assortie, et se remaria en cette qualité avec une femme qui ne dédaigna point cet être changeant.

L'auteur précité, ainsi que plusieurs autres, parlent aussi d'une fille de Cajete, qui, s'étant mariée avec un pêcheur, remplit pendant quatorze années les conditions de son sexe, au bout duquel temps les parties viriles lui sortirent tout-à-coup : de sorte que pour éviter les railleries du peuple, ce pauvre diable se jeta dans un monastère.

Comme on ne dit point que ces êtres, d'abord se croyant femmes, aient eu des enfans pendant leur mariage, cela dénoterait que c'étaient tout simplement des hommes tardivement développés.

Aristote prétend qu'il s'est vu des hermaphrodites capables d'engendrer dans les deux sexes, et qui avaient la mamelle droite d'homme, et le sein gauche formé comme une femme. Montuus parle d'une femme hermaphrodite qui avait des enfans de son mari, et qui faisait des enfans à ses servantes. Le docteur Venette, dans son *Tableau de l'Amour conjugal*, cite aussi un hermaphrodite, nommé Daniel Baubin, qui avait une femme à laquelle il faisait des enfans, et qui se conduisit de manière à accoucher en même temps qu'elle.

Les lois anciennes enjoignaient aux hermaphrodites de choisir de quel sexe ils voulaient user, et les condamnaient à des peines sévères, s'ils faisaient usage des deux.

Malgré tout ce qu'ont dit les Anciens, et Venette lui-même, le docteur Millot, auteur de *l'Art de procréer les sexes à volonté*, est d'accord avec les anatomistes modernes pour soutenir qu'il est impossible que les deux sexes puissent se trouver complètement réunis dans un même individu. « On n'a pas trouvé, dit-il, chez l'homme viril la partie sexuelle de la femme, et nous n'avons encore vu chez quelques femmes que des fantômes de la différence spécifique de l'homme, sans accompagnement et sans organisation virile. Ce que nous avons vu de plus remarqua-

ble en ce genre semblait trompeur au premier
aspect; mais à l'examen le prestige cessait,
et l'on ne trouvait plus dans la femme hermaphrodite qu'une excroissance qui ne consti-
tuait nullement les qualités d'homme.

En 1820, nous avons vu à Paris une demoiselle Sophie Lefort, âgée de vingt-cinq
ans, ayant des moustaches, des favoris et
une barbe noire, comme un sapeur de la
garde. A ces dénotations masculines, elle
joint une physionomie intéressante où l'on
remarque l'expression gracieuse et les traits
délicats d'une jolie personne; sa gorge est
absolument celle d'une belle femme; ses bras
arrondis et potelés sont à remarquer par leur
force et leur blancheur. Elle réunit, assure-
t-on, les parties génitales des deux sexes;
mais, comme on peut bien le penser, il n'é-
tait point question de cela pour le public. En
septembre 1821, elle était à La Rochelle, où,
comme à Paris, moyennant une légère rétribution, elle satisfaisait la curiosité d'une foule
d'amateurs empressés de voir un tel phénomène.

Enfin, nous terminerons ce chapitre en

CHAPITRE VII.

RESSEMBLANCES SINGULIÈRES.

On lit dans Pline, qu'un homme du peuple, nommé Artemon, ressemblait si fort à Antiochus, roi de Syrie, que Ladice, femme de ce prince, et qui le fit périr, produisit ensuite cet Artemon en place de son mari, et se fit ainsi léguer, par ce fantôme de roi, le gouvernement des affaires et la succession au trône.

Richard III fit périr le fils aîné d'Edouard IV, pour s'emparer de la couronne d'Angleterre. Un jeune homme, nommé Lambert Simnel, d'une famille obscure, avait tant de ressemblance avec le fils d'Edouard, qu'un ambitieux, nommé Simond, conçut le dessein de le faire monter sur le trône d'Angleterre où régnait Henri VII. Il conduisit son jeune citant un exemple récent d'hermaphrodite, dont toutes les feuilles publiques ont fait mention. Il est né à Chaillot, près Paris; c'est le vingt-deuxième enfant de la dame Lefort, femme d'un jardinier; il réunit si parfaitement les signes caractéristiques de l'un et de l'autre sexe, qu'il est impossible de déterminer auquel il appartient plus positivement. Il sera intéressant de connaître par suite le développement des facultés de cet être, vrai prodige de la nature.

Le journal de Commercy (Meuse), du 15 février 1829, rapporte le fait suivant que l'on révoquerait en doute, s'il n'était confirmé par des témoignages irrécusables. Dans la journée du 12 de ce mois, le fils du juge de paix, et M. Gobert, de Tillombois, étant à la chasse, aperçurent un lièvre qui fuyait, emportant sur son dos un autre lièvre renversé. L'un des chasseurs tire et abat le lièvre porteur. Tout-à-coup le lièvre porté change de rôle, et emporte à son tour son compagnon blessé. L'autre chasseur tue le second animal. Quelle fut la surprise de nos chasseurs, lorsqu'ils reconnurent que ces deux lièvres

ainsi accolés, étaient adhérens par le dos, et
ne formaient qu'un seul tout, ayant deux
têtes, quatre oreilles et huit pieds. M. Par-
mentier, médecin à Pierrefitte, a fait l'autop-
sie de ce biceps monstrueux, et son obser-
vation ira grossir le recueil de M. Geoffroy
Saint-Hilaire. Nous avons cru devoir insérer
cet article dans notre petit ouvrage.

homme en Irlande, où il savait que le nom d'Edouard était en vénération, et celui de Henri VII détesté. Il le présenta au peuple et à tous les princes comme le malheureux fils du roi Edouard, échappé comme par miracle à la mort, et venant réclamer leur protection et leur appui pour remonter sur le trône de ses ancêtres, dont Henri jouissait par usurpation.

Le récit des malheurs de ce prétendu fils d'Edouard, sa ressemblance avec le jeune prince, la haine que l'on portait à Henri, ne tardèrent pas à faire fermenter les esprits et à les soulever en faveur de l'imposteur. Presque tous les peuples et princes de l'Irlande vinrent le reconnaître pour leur Souverain, et lui prêter serment de fidélité. Bientôt une armée nombreuse fut levée pour le conduire en Angleterre, et le placer sur le trône. Henri, instruit de ce qui se passait en Irlande, leva de son côté une puissante armée, et vint attaquer celle des Irlandais, qui s'avançait ayant à sa tête celui qui ressemblait tant à Edouard. Après un long et sanglant combat, l'armée des Irlandais fut mise en déroute, et Lambert Simnel fut fait prisonnier. Henri VII

8

trouvant en effet une conformité surprenante entre sa physionomie et celle du malheureux Edouard, ne lui fit aucun mal, et se contenta de le reléguer parmi ses garçons de cuisine.

A peine pouvait-on distinguer le grand Pompée du plébéien Vibius et de l'affranchi Publicius. Nous voyons encore dans l'histoire romaine, que Toranius vendit à Marc-Antoine deux beaux esclaves si ressemblans, qu'il les lui donna pour jumeaux; cependant l'un était Asiatique et l'autre Européen.

Lucain rapporte l'histoire de Télon et Gyarée, astronomes et mathématiciens, et dit qu'il y avait une si parfaite ressemblance entre ces deux frères jumeaux, que même leurs parens les prenaient souvent l'un pour l'autre. Une égale inclination les détermina tous les deux à étudier les mathématiques et l'astronomie. Ils firent de tels progrès dans la science maritime, que la ville de Marseille crut devoir leur confier ses vaisseaux, dans ce fameux combat naval si pompeusement décrit au troisième livre de *la Pharsale*. Aussi grands hommes de mer que braves capitaines, Télon et Gyarée s'y distinguent par leur expérience et leur valeur. La flotte romaine va céder aux efforts des Marseillais encouragés par l'exemple de leurs chefs, lorsque le brave Télon est frappé d'un coup mortel ; victime de son amitié fraternelle, le malheureux Gyarée reçoit la mort en s'élançant dans le vaisseau de son frère qu'il veut secourir. Le trait qui l'atteint l'attache à son vaisseau. Quel spectacle pour la tendresse de Télon qui survit encore à sa blessure ! Quoique privé de ses deux bras, il poursuit les meurtriers de Gyarée, et dans le désespoir de sa bravoure impuissante, il se jette avec impétuosité sur une des barques ennemies, qu'il fait submerger, satisfait du moins de trouver ainsi au fond des mers, la mort et la vengeance.

Jean-Baptiste de la Curne de Sainte-Palaye, né à Auxerre, en 1697, membre de l'Académie française et de celle des inscriptions, avait aussi un frère jumeau d'une si grande ressemblance, que souvent on ne savait auquel des deux on parlait, attendu qu'ils demeuraient dans la même maison, qu'ils occupaient le même appartement, et qu'ils voyaient les mêmes sociétés. L'académicien, en terminant sa carrière à l'âge de quatre-vingt-quatre ans, dit qu'il n'avait regretté qu'une chose en sa vie, c'était d'avoir survécu à son frère.

A Roye, en Picardie, naquirent, du temps de Henri IV, deux jumeaux qui, non-seulement se ressemblaient au physique à un degré extraordinaire, mais qui avaient en outre une analogie remarquable d'affections et de goûts : quand l'un tombait malade, l'autre éprouvait des accidens du même genre : ils étaient fils du seigneur Henri de Roucy-Sissonne.

Une ressemblance aussi exacte existait entre les comtes de Ligneville et d'Audricourt, frères jumeaux, issus de l'une des quatre maisons de l'ancienne chevalerie de Lorraine. Mêmes traits, même taille et corpulence, même son de voix. Étant tous deux capitaines de chevau-légers, l'un se plaçait à la tête de l'escadron de l'autre, sans que les officiers et cavaliers se doutassent de cet échange. Le comte d'Audricourt eut une affaire judiciaire, par suite d'un duel ; il ne tenait qu'à sa partie adverse de le priver de sa liberté. Que fit le comte de Ligneville ? il ne quitta plus son frère, ne le laissa plus sortir sans l'accompagner; et la crainte de saisir l'innocent au lieu de l'accusé, rendit nuls les droits qu'on avait obtenus sur la personne du comte d'Audricourt.

Ils s'amusèrent un jour d'une scène assez plaisante. M. de Ligneville fit appeler un barbier; après s'être fait raser un côté, il prétexta une affaire pour passer dans l'appartement voisin; M. d'Audricourt y était caché; il endosse la robe de chambre de son frère, s'attache la serviette au col, et vient s'asseoir dans le siége qu'avait quitté M. de Ligneville. Le barbier se met en devoir de raser l'autre côté; mais quelle est sa surprise, de voir qu'en un instant la barbe est revenue? Ne doutant point que ce ne soit un démon qui ait pris la figure de sa pratique, il fait un grand cri et s'évanouit. Tandis qu'on s'occupait à le faire revenir, le comte d'Audricourt rentra dans le cabinet, et M. de Ligneville, à demi-rasé, reprit sa place : nouvelle surprise pour le barbier; il croit avoir rêvé tout ce qu'il a vu, et ne fut convaincu de la vérité qu'en voyant les deux frères ensemble.

Une chronique du temps rapporte qu'il

existait à Paris une nommée Latourelle, qui ressemblait parfaitement à la demoiselle Béjart, femme de Molière. Le président Lescot, de Grenoble, avait vu jouer souvent cette dernière ; il en devint violemment épris, et n'osant pas déclarer lui-même sa passion, il en chargea une dame Ledoux, qui lui procura les moyens de voir l'objet de sa flamme. Mais c'était la fille Latourelle, et non la demoiselle Béjart, qui se trouvait au rendez-vous, et l'affaire fut éclaircie, dit-on, par la justice, qui fit flageller, devant l'hôtel des Comédiens, Latourelle et sa matrone.

Il y avait une telle ressemblance entre Joseph Misliweczek, célèbre musicien (fils d'un meunier d'un village près de Prague, né le 9 mars 1737), et son frère jumeau, que dans leur enfance, leur père lui-même les confondait souvent l'un avec l'autre.

Nous avons vu de nos jours César et Constantin Faucher, frères jumeaux, qui eurent une naissance, une vie, une mort, enfin une destinée toute commune, et dont le souvenir mérite d'être conservé. Nés à la Réole, le 20 mars 1759, leur ressemblance était si frap-

pante, que leur mère ne pouvait les distinguer
que par la couleur et la forme différentes des
vêtemens adoptés pour chacun d'eux ; et
comme ils s'amusaient souvent à changer ces
indices, des méprises continuelles donnaient
lieu dans la famille aux scènes les plus diver-
tissantes. Elevés ensemble, ils entrèrent ensemble au service, passèrent par les mêmes
grades, furent nommés adjudans-généraux,
et généraux de brigade sur les mêmes champs
de bataille à l'armée du Nord. Ni l'intérêt, ni
le danger, ni les passions, ni les opinions po-
litiques, si divergentes à l'époque où ces deux
hommes ont vécu, ne les séparèrent un moment dans le cours de leur vie. Envoyés dans
la Vendée combattre les royalistes, César reçut un coup de sabre à Fontenay ; Constantin,
légèrement blessé lui-même, le couvrit de son
corps, pansa sa blessure, le conduisit à Niort,
continua de le soigner, et ne reparut à l'armée
que quand son frère fut en état de reprendre
les armes. Enthousiastes de la liberté dont on
parlait beaucoup quoiqu'elle n'existât nulle
part, républicains prononcés, les frères Faucher se trouvèrent en butte aux persécutions
des hommes de leur parti, car les républicains
s'entr'égorgeaient, tout en égorgeant les roya-

listes. Condamnés à mort par les furieux de ces temps plus que déplorables, César et Constantin marchaient au supplice et étaient parvenus au pied de l'échafaud, quand l'ordre arriva de surseoir à l'exécution. Le procès fut revisé, et un nouvel arrêt les acquitta. Ils rentrèrent dans les rangs, et continuèrent à servir jusqu'au moment où Bonaparte vint renverser la république, et élever sur ses débris le gouvernement le plus despotique qu'on ait encore vu. Les frères Faucher étaient trop chauds républicains pour s'incliner devant une tête couronnée ; ils donnèrent leur démission, et vécurent à Bordeaux des produits d'une petite maison de commerce qu'ils établirent en société. En 1815, par son retour en France, Bonaparte venant réveiller toutes les idées révolutionnaires, les républicains reparurent de toutes parts pour soutenir momentanément cet audacieux, qu'ils espéraient culbuter ensuite pour rétablir leur gouvernement favori. Il ne fallut pas moins que cette circonstance impérieuse pour déterminer César à accepter sa nomination à la Chambre des cent jours, honneur que son frère ne partageait pas. Constantin avait été de son côté prendre le commandement de la Réole. Le Roi étant rentré dans ses états, la chambre instituée par Bonaparte fut dissoute, et César alla rejoindre son frère Constantin dans la ville où ils avaient reçu la vie, et où ils devaient trouver une mort prématurée ; car, malheureusement pour eux, leur esprit de républicanisme, plus exalté que jamais, les entraîna dans les dispositions les plus hostiles contre le gouvernement royal, et ils poussèrent l'opiniâtreté d'une défense aussi inconsidérée qu'inutile, jusqu'à se barricader dans leur propre maison, pour y tenir tête aux troupes qui étaient entrées dans la ville. Traduit devant une commission militaire, chacun d'eux se fit l'avocat de l'autre. Condamnés à être fusillés, la seule émotion qu'ils témoignèrent fut de se serrer plus étroitement. Le 27 septembre 1815 fut le dernier jour des deux jumeaux de la Réole : frappés du plomb mortel qui les atteignit au même endroit, ils expirèrent en s'embrassant, et laissèrent un douloureux souvenir des malheurs qu'entraînent toujours avec soi les discordes civiles, et des épouvantables écarts où jettent infailliblement les doctrines des temps révolutionnaires.

9

CHAPITRE VIII.

EXEMPLES ÉTONNANS DE GLOUTONS ET DE
JEUNEURS.

AGLAÏDE, née à Mégare, dut à son appétit
vorace une renommée qui passa en proverbe
chez les Grecs. Les historiens disent qu'à
chaque repas elle mangeait dix livres de pain,
autant de viande, et qu'elle buvait à proportion. Nous avons déjà parlé de l'empereur
Maximin pour sa taille colossale et sa force
prodigieuse ; nous ajouterons ici que cet être,
extraordinaire en tout, mangeait quarante livres de viande par jour et buvait dix-huit
bouteilles de vin. On lit dans la vie de l'empereur Claude, qu'il était si glouton, qu'il
ne sortait point de table sans avoir fait un
excès de nourriture, et qu'on avait coutume
de lui introduire dans le gosier le tuyau
d'une plume pour l'exciter à rejeter la sur-

abondance des mets. Ce n'est encore rien que cela ; et ce qui surpasse toutes les anciennes voracités connues, c'est celle citée par Lamothe le Vayer dans son livre treizième, d'un roi de Lydie, lequel, dit-il, avait une faim si étrange, qu'il mangea sa propre femme en une nuit : à coup sûr ce monarque lydien peut passer pour le roi des ogres.

Le 4 décembre 1788, il est mort à l'hôpital de Bude un soldat autrichien, que nous aurions pu classer dans cet ouvrage parmi les géans modernes, car il avait six pieds onze pouces. Il servait dans le bataillon du corps de Lascy, infanterie. Chacun de ses repas consistait en trois livres de bœuf et du pain de munition à proportion. Afin de le mettre à même de satisfaire un estomac aussi exigeant, le colonel du régiment lui faisait une haute-paie de vingt-quatre kreutzers par jour.

On a vu à Paris, en 1802, un grenadier âgé de vingt-deux ans, de la taille de cinq pieds huit à neuf pouces, qui se faisait remarquer par une voracité étonnante. Il engloutissait quelquefois trente à quarante livres

9*

de viande crue, et pareil nombre de bouteilles de vin. Les bouchers de la halle se
sont amusés à le régaler; et par la dépense
qu'il a faite en cette occasion, il les a tous
surpris. On lui a vu dévorer des chiens, des
chats, des chevaux; en un mot, il absorbait
une si grande quantité d'alimens, qu'il aurait
eu mauvaise grâce de se montrer difficile
sur la qualité : aussi n'avait-on point de re-
proches à lui faire à ce sujet.

Dans les séances de l'Institut, M. Percy,
l'un de ses membres, a lu un Mémoire sur un
autre mangeur aussi extraordinaire, nommé
Tarare. Ce jeune homme, des environs de
Lyon, ayant servi de bonne heure une troupe
de bateleurs, s'était exercé à avaler des cail-
loux, des masses énormes de viandes de
rebut, des paniers de fruits grossiers, des
couteaux, et jusqu'à des animaux vivans. Des
accidens graves, des coliques terribles, n'a-
vaient pu le faire renoncer à une habitude
dangereuse, qui bientôt devint un besoin
impérieux. Enrôlé dans un des bataillons de
l'armée du Rhin, il chercha auprès d'un hôpital ambulant les alimens qui lui étaient

nécessaires. Les débris de la cuisine, les restes
des distributions, les portions rejetées, les
viandes corrompues ne lui suffisaient pas. Il
allait souvent disputer aux plus vils animaux
leur dégoûtante pâture; il était sans cesse à la
poursuite des chats, des chiens, qu'il dévorait vivans. Il fallait l'écarter, par menace
ou par force, de la chambre des morts, et
des endroits où l'on déposait le sang qu'on
venait de tirer aux malades. On essaya inutilement de le guérir, en lui donnant, tour à
tour, des corps gras, des acides, de l'opium,
et même de la coque du Levant. La disparition d'un enfant de seize mois ayant élevé
contre lui d'affreux soupçons, il prit la fuite.
En 1798, il entra à l'infirmerie de Versailles,
dans un état de consomption qui avait succédé
à son horrible appétit, et qui, suivant lui,
provenait d'une fourchette d'argent qui lui
était restée dans le canal intestinal. Il périt en
peu de temps. M. Tessier, chirurgien en chef
de cette infirmerie, ayant eu le courage d'ouvrir son corps, malgré l'odeur insupportable
qui s'en exhalait, ne trouva point la fourchette. L'estomac était d'une ampleur extraordinaire; les intestins, tout ulcérés, pré-

sentaient des renflemens remarquables , et la
vésicule du fiel avait une grande capacité.
Tarare était petit, fluet et débile ; son regard
n'avait rien de farouche. Lorsqu'il était à
jeun, la peau de son ventre pouvait presque
faire le tour de son corps ; et quand il était
repu , on l'aurait cru hydropique : une va-
peur épaisse sortait par torrens de sa bouche;
tout son corps fumait; la sueur découlait
abondamment de sa tête , et, comme plusieurs des animaux les plus voraces , il s'as-
soupissait pour digérer. Il résulte du rapport
sur l'organisation intérieure des malheureux
condamnés par la nature à cette faim désor-
donnée , que les efforts réitérés des organes
de la digestion ne permettent pas aux individus qui en sont atteints de pousser leur carrière au-delà de quarante ans.

Cependant on a publié à Wirtemberg une
dissertation sur un de ces grands mangeurs ,
qui ne cessa ce genre de vie qu'à l'âge de
soixante ans. Alors il devint sobre et réglé ,
et vécut jusqu'à soixante-dix-neuf ans. Il dévorait, quand il le voulait, un mouton entier, ou
un cochon, ou deux boisseaux de cerises avec

leurs noyaux. Il brisait avec les dents, mâchait et avalait des vases de terre et de verre, et même des pierres très-dures. On lui présenta un jour un de ces encriers en plomb qui ont un couvercle en fer-blanc; il le mangea avec les plumes, le canif, l'encre et le sable. Ce fait, dit l'auteur de la brochure, a été attesté par sept témoins oculaires devant le sénat de Wirtemberg. A la mort de ce Wirtembergeois, son corps se trouva rempli de choses extraordinaires, et chacun put venir réclamer les différens objets qu'on s'était plu à le défier d'avaler.

Au mois de mai 1675, il y avait à Londres un homme qui avalait une lame d'épée d'environ une aune de longueur, après l'avoir cassée en plusieurs morceaux. Le roi d'Angleterre fut curieux de le voir : il parut en présence du monarque et de toute la cour. Le roi lui présenta lui-même deux couteaux et un rasoir qu'il avala comme nous faisons d'une mouillette trempée dans un œuf frais. Dans cette expérience, on lui avait lié les mains au dos pour prévenir tout soupçon d'escamotage.

En avril 1802, on a envoyé à la Faculté de
médecine de Paris, la cuisse d'une femme
morte à Genève. Les muscles de cette cuisse
étaient remplis d'épingles, que cette femme
avait pris l'habitude d'avaler, et qui s'étaient
fait jour à travers ses intestins jusque dans
les muscles du fémur.

Tout le monde a vu à Paris, au théâtre de
M. Comte, Jacques Simon, surnommé Jacques de Falaise, que l'on dit né sur les bords
de l'*Ante*, en 1754. Cet homme passa une
partie de sa vie dans les carrières de Mont-
martre, où il fut constamment livré aux travaux les plus obscurs et les plus pénibles. Il
ignora long-temps l'étonnante faculté dont la
nature l'a doué; le hasard seul lui fit faire
cette découverte. Assistant aux noces d'un de
ses camarades, son humeur enjouée l'avait
fait rechercher par un essaim de jeunes vil-
lageoises, et il avait été forcé de quitter la
table pour se mêler à leurs jeux. Après la
main-chaude et le colin-maillard, on en proposa un qui consiste à cacher, sur un des
joueurs, une boîte ou un bijou, qu'une autre
personne est obligée de chercher. Jacques,

chargé de cacher une chaîne et un médaillon
que la mariée venait d'ôter de son col, les
avait imprudemment placés dans sa bouche;
la grimace que cet objet lui faisait faire, ne
tarda pas à le trahir aux yeux du chercheur;
après l'avoir désigné, celui-ci, qui soupçon-
nait la cause de son silence, le somma de dire
enfin s'il l'avait ou s'il ne l'avait pas : Jacques,
un peu confus d'avoir été aussi promptement
deviné, voulut donner le change à son adversaire; sans réfléchir aux suites d'une pareille
action, il avala vivement la chaîne et le médaillon ; puis, en ouvrant une large bouche,
il dit : *Vous voyais ben que je ne l'ons point.*
La surprise des assistans fut suivie d'un juste
effroi, quand ils eurent acquis la certitude
que Jacques avait réellement englouti dans
son estomac le portrait du nouveau marié.
Chacun s'empressa autour de lui, on le con-
jura de dire ce qu'il en avait fait ; mais Jacques, impatienté par de si vives instances, et
n'éprouvant d'ailleurs aucune incommodité
par l'introduction de cet objet dans son estomac, s'échappa des mains de ses amis, en
disant : *Marchais, marchais, je vous l'ren-
drons d'main.* Cette aventure étonna d'au-

tant plus tout le monde, qu'il reprit ses travaux le lendemain avec une santé aussi parfaite que celle dont il jouissait avant cet événement. Depuis cette époque, il réitéra souvent cette expérience, et toujours avec un égal succès : des clés, des croix, des bagues lui étaient confiées chaque jour pour qu'il les avalât. Aux objets inanimés succédèrent bientôt des animaux vivans, qui passèrent avec la même facilité. Enfin, pendant à peu près une année, sa complaisance servit d'amusement aux nombreux ouvriers des carrières, et ce n'est qu'après s'être bien convaincu qu'il n'en pouvait résulter aucun danger pour lui, qu'il céda aux instances d'une personne qui l'engageait depuis long-temps à faire jouir le public de la vue d'un phénomène aussi extraordinaire.

En 1815, Jacques débuta sur le théâtre de M. Comte, devant un assez grand nombre de spectateurs, parmi lesquels se trouvaient quelques Anglais ; l'un d'eux lui ayant fait le défi d'avaler sa montre, Jacques le pria de la lui confier pour qu'il en examinât la grosseur ; à peine l'eût-il entre les mains, qu'il la plaça dans sa bouche et l'avala, ainsi que la

chaîne et les trois breloques qui y étaient
suspendues. Cette action inspira presque autant de crainte que de surprise ; le silence
qui régnait dans la salle ne fut troublé que
par les cris d'effroi que jetèrent plusieurs
dames, et auxquels se mêlèrent les nombreux
wery well des habitans de la Grande-Bretagne.
Le gentleman ne manqua pas de raconter
cette aventure à ses compatriotes ; chacun
d'eux voulut s'assurer de l'authenticité de
cette anecdote : le théâtre de M. Comte était
rempli chaque soir ; mais Jacques offrait en
vain de réitérer cette expérience, les spectateurs n'apportaient plus de montre ; enfin,
au bout de quelques jours, un milord lui
proposa d'avaler des pièces de cinq francs ;
Jacques accepta de grand cœur la proposi-
tion, et une trentaine de pièces furent en-
glouties avec une facilité qui excita plus d'une
fois le rire de l'assemblée ; ce jeu ne cessa
que lorsque le caissier de Jacques de Falaise
eut déclaré qu'il n'avait plus de fonds.

Nous lui avons vu enfoncer dans sa gorge,
et jusqu'à la garde, une large lame d'épée
de vingt pouces de longueur. On s'attend au
moins à la lui voir retirer tout ensanglantée,

et l'on est fort étonné, après qu'il en a fait l'extraction, de voir que l'éclat de cette lame est seulement terni par l'humide impression de son haleine.

C'est vraiment une curiosité de voir un homme avaler une certaine quantité de noix entières, une pipe de terre avec son tuyau, une rose armée de ses épines, un jeu de cartes qu'il engloutit sans les déchirer ou les broyer avec les dents, et même sans prendre le temps de les amollir avec sa salive; des souris, des moineaux, des écrevisses, des anguilles, passent dans son gosier avec autant de facilité que s'il humait un œuf frais. Il n'est pas rare qu'un quart d'heure après que Jacques a avalé une anguille, il la sente encore remuer dans la cavité de son estomac. Lorsque l'agitation ou les sauts de l'un des animaux qu'il a engloutis se prolongent trop long-temps, il suffit à cet homme singulier de boire quelques gouttes de rhum ou d'eau-de-vie, pour leur ôter tout mouvement et donner cours à la digestion qui s'opère alors comme celle des autres alimens.

Gesner parle d'un matelot de sa connaissance qui avalait une anguille entière toute vivante, et qui la rendait ensuite par bas, telle qu'il l'avait avalée.

Le Journal étranger, pour l'année 1753, fait mention d'une fille de vingt ans, qui, depuis l'âge de seize ans, buvait chaque jour dix-huit à vingt pintes d'eau.

On lit dans les Affiches de Tonnerre (Yonne), de la première semaine d'avril 1826, un récit extraordinaire, concernant une jeune fille de cet arrondissement, âgée de quatorze ans, qui est tourmentée par une faim et une soif que rien ne peut satisfaire ; il est impossible, dit-on, d'avoir une idée de la consommation d'alimens et de boisson qu'elle exige chaque jour. Elle est d'une maigreur effrayante, sa peau est sèche et aride, une fièvre lente la consume ; mais, ce qui est le plus remarquable, c'est la sécrétion abondante d'urine qui a lieu chez cette fille ; elle est du double des alimens et des boissons ; elle est limpide et sans odeur. Un médecin ayant reconnu par la dégustation, qu'elle contenait des principes sucrés, en a fait soumettre quatre livres à l'analyse chimique, qui ont donné pour résultat seize onces d'un sirop parfaitement sucré, et dont chacun, ajoute le journaliste, qui rend compte de ce phénomène, peut apprécier la saveur et les qualités chez l'apothicaire du roi, à Tonnerre, qui en a fait l'opération. On prétend que l'on obtient souvent par l'analyse des urines d'individus atteints de cette maladie nommée *diabetes sucré*, un sucre qui se cristallise parfaitement.

Nous avons vu à Paris la petite Marie-Angélique-Désirée Bérangé, qui a paru au mois de juin 1820, âgée de douze ans, sur le théâtre Saqui, où on l'exposa comme un objet de curiosité publique, sous le nom de la fille herbivore et carnivore, parce qu'elle ne vivait que d'herbe et de viande crue qu'elle mangeait avec voracité. Elle ne voulut jamais d'autre nourriture, malgré ce que firent ses parens pour lui ôter un goût si étrange. Privée de toute intelligence humaine, elle l'est aussi de la parole, et ne pousse qu'un cri semblable au bêlement d'un mouton. Son père est sabotier au bois de Rône, à sept lieues de Paris. Cette fille a un caractère doux, et ses traits

réguliers n'offrent aucunement une physionomie sauvage, ainsi que le ferait supposer
l'étrange direction que lui a donnée la nature.

En laissant de côté les êtres voraces, si
nous recherchons au contraire des exemples
d'abstinences prolongées, nous en trouverons
qui ne sont pas moins extraordinaires que les
gloutonneries dont nous venons de parler.

Athénée rapporte que Timon le misan-
thrope avait une tante qui se retirait dans une
caverne, comme un ours, et y passait deux ou
trois mois sans manger ; qu'au bout de ce
temps elle en sortait pâle et défaite, et re-
tournait chez elle, où elle se rétablissait jusqu'à l'année suivante.

Dans un recueil intéressant des merveilles
de la nature, par M. Sigaud de la Fond, il
est question d'une fille de Nuremberg, qui,
dans un moment de dépit, se retira au plus
haut étage de sa maison, et y resta dix-huit
jours sans prendre de nourriture. Le même
ouvrage fait mention d'un certain fou nommé
Isaac Henedrisse Stifont, qui, s'imaginant
être le Messie, se mit dans l'idée de surpasser
le jeûne de Jésus-Christ. Il ne prit aucun ali-

ment depuis le 6 décembre 1684, jusqu'au 15 février 1685 ; après ces deux mois et neuf jours de jeûne, il revint à son train de vie ordinaire.

Charles XII, roi de Suède, ayant entendu parler d'une femme nommée Johns Dotter, qui avait vécu plusieurs mois sans prendre d'autre nourriture que de l'eau, lui qui s'était étudié toute sa vie à supporter les plus extrêmes rigueurs que la nature humaine peut soutenir, voulut essayer combien de temps il pourrait supporter la faim sans en être abattu. Il passa cinq jours entiers sans manger ni boire ; le sixième au matin, il courut deux lieues à cheval, et descendit chez le prince de Hesse, son beau-frère, où il mangea beaucoup, sans qu'une abstinence de cinq jours l'eût abattu, ni qu'un grand repas à la suite d'un si long jeûne l'incommodât.

On voyait à Wolduck, duché de Mecklembourg, en 1775, un paysan qui avait alors quarante ans, et qui n'avait jamais bu depuis sa naissance. Il avait eu de la répugnance même pour le lait de sa mère, qu'on le força de prendre les premiers jours de sa vie.

Les *Transactions philosophiques*, pour l'année 1778, rapportent que quatre ouvriers furent ensevelis dans une mine de charbon de terre, près de Liége, et n'en furent retirés que le vingt cinquième jour. Ils n'avaient point mangé pendant ce temps, et n'avaient pris pour toute nourriture que de l'eau d'une petite fontaine qu'ils avaient découvert dans l'intérieur de la mine.

Le nommé Bernard, incendiaire, condamné à mort par la cour d'assises des Vosges, en novembre 1826, s'étant d'abord sauvé dans les bois après avoir commis son crime, y séjourna deux semaines entières sans rien manger ; toujours tourmenté d'une soif dévorante, il avait bu dans les ruisseaux l'eau qu'il avait pu trouver chaque jour, ce qui avait suffi pour le soutenir.

En 1772, on voyait à Châteauroux, village près d'Embrun, département des Hautes-Alpes, le nommé Guillaume Gay, âgé de treize ans, fils d'un laboureur de cet endroit, qui vivait, disait-on, depuis deux ans et demi sans manger ni boire. L'intendant de la province du Dauphiné chargea quelqu'un de se

10

transporter dans ce village pour y vérifier ce
fait. Cet homme se renferma cinq jours dans
une chambre avec cet enfant, et ne lui vit
prendre absolument aucune nourriture.

On a publié, en 1698, un récit de la maladie d'une jeune fille nommée Rénée Chauvel,
âgée de quatorze ans et demi, du village de
la Touraudais, près Dinan, laquelle étant
tombée dans un délire mélancolique, cessa
tout-à-fait de manger et de boire, et il y avait
quinze mois qu'on n'avait pu lui faire avaler
quoi que ce soit. Cependant son visage était
plein et coloré comme si elle eût joui d'une
santé parfaite, la gorge commençait même à
lui venir; il n'y avait chez elle d'extraordinaire que son ventre qui se trouvait comme
collé contre les vertèbres des lombes. Elle dormait la nuit; et quoique éveillée le jour, elle
ne parlait point; seulement elle donnait des
marques qu'elle entendait ce qu'on lui disait.
C'était M. Oren, docteur en médecine de la
Faculté de Rennes, qui l'avait soignée au
commencement de sa maladie.

Mais ceci n'est rien, comparativement à un
fait rapporté dans les journaux de Paris, du

mois de janvier 1826, d'après la Gazette de
Madrid, qui a publié l'extrait suivant d'un
procès-verbal dressé à Villanueva del Fresno,
province d'Estramadure, le 28 septembre
1825, relativement à une jeune fille nommée
Elisabeth Cano, née le 2 janvier 1786. « Cette
demoiselle, est-il dit, d'une complexion dé-
licate et flegmatique, parvint à l'âge de quinze
ans sans avoir éprouvé d'autre maladie que
celles auxquelles les enfans sont habituellement sujets. En 1805, étant dans sa dix-
neuvième année, elle fut attaquée d'une épilepsie qui s'est terminée par un assoupissement
dont elle n'est revenue qu'au bout de trois
mois. Après son rétablissement, elle continua
à jouir d'une bonne santé pendant quelques
mois, et tomba ensuite dans une nouvelle
léthargie qui dura sept mois; en étant revenue,
elle reprit toute sa santé et sa fraîcheur, et
continua à se bien porter jusqu'au commencement de 1815, où elle tomba de nouveau
en léthargie; mais, pour cette fois, elle ne
reprit connaissance que le 21 septembre 1825,
et sa faiblesse était si grande qu'elle ne vécut
que six jours après son réveil. Elle décéda
dans la nuit du 27 au 28 septembre. Pendant

ces six jours, elle conserva toutes ses facultés
intellectuelles, et on a remarqué qu'elle connaissait par leur son de voix les personnes
qui étaient encore dans l'enfance en 1815,
lorsqu'elle tomba en léthargie pour la dernière fois. »

Tout le monde convient qu'on peut bien
vivre quelques jours sans manger. Hippocrate
l'a déterminé au septième jour, et Pline jusqu'au onzième. Mais de vivre sans prendre aucun aliment pendant quatorze mois, comme
Renée Chauvel, et surtout l'espace de dix
années, comme Elisabeth Cano; souffrir si
long-temps une dissipation continuelle des
sucs nutritifs et des esprits, sans qu'aucune
chose les répare, c'est ce qui paraît surpasser
toute raison humaine. Pour sortir de cette
difficulté, le docteur Oren, à l'occasion de
la jeune Renée Chauvel, établit ces principes :
Que la vie n'étant qu'une flamme, et ne consistant que dans la génération continuelle de
cette flamme, elle doit durer autant que cette
flamme dure; que la flamme allumée dans tel
ou tel sujet, s'y perpétue elle-même tant
qu'elle y trouve de la matière inflammable,

tant qu'elle reçoit l'air, et que rien du dehors ne l'éteint. Ces principes, et quelques autres à peu près semblables supposés, il conclut que la flamme vitale qui est allumée dans le sang de cette jeune fille, et que les parties inflammables de ce sang sont disposées de telle manière, qu'elle s'y entretient et s'y perpétue sans les consumer ; de même que la flamme de ces lampes romaines qui brûlait toujours sans consumer sa matière. Telle était celle que l'on trouva allumée dans le tombeau de Tullia, fille de Cicéron, sous le pontificat de Paul III, laquelle brûlait depuis quinze cent cinquante ans.

Nous nous bornons à émettre ce raisonnement, sans entrer dans aucune discussion ; ce livre étant un recueil de choses extrêmement curieuses, et non un ouvrage de dissertations scientifiques.

CHAPITRE IX.

ENFANTEMENS PRODIGIEUX.

Il y a beaucoup d'exemples d'accouche-
mens de cinq enfans à la fois, depuis la ser-
vante d'Auguste-César, dont parle Aristote,
jusqu'à la femme du docteur suisse Jean Ge-
linger. Dalechamp, en sa *Chirurgie française,* parle d'un gentilhomme nommé Bo-
naventure Savelli, Siénois, dont l'une des
esclaves eut sept enfans d'une seule couche.
La grand'mère de la femme du maréchal de
Montluc eut, d'une seule couche, neuf filles,
qui vécurent toutes, et furent mariées.

L'épouse d'un gentilhomme, seigneur de
Maldemeure, eut, la première année de son
mariage, deux enfans; la seconde année,
trois; la troisième, quatre; la quatrième,
cinq, et la cinquième, six. Malheureusement

elle mourut après cette dernière couche , car il eût été curieux de voir si elle eût continué d'augmenter ainsi d'année en année.

La femme de Pierre-François Duisans , de la commune de Verchoq , département du Pas - de-Calais , accoucha , le 12 février 1798 , de six enfans vivans , trois garçons et trois filles ; le fait parut assez extraordinaire pour être annoncé officiellement au ministre de l'intérieur , par le premier fonctionnaire du département.

Les journaux de Lyon , du mois d'août 1826 , rapportent que la femme d'un boulanger de cette ville venant de se blesser au terme de quatre mois et demi de grossesse , était accouchée de sept enfans , dont un était mort , et que les six autres ont vécu quelque temps.

Dans ses écrits , Pic de la Mirandole cite une femme d'Italie , nommée Dorothée , qui accoucha en deux fois de vingt-un enfans ; savoir : neuf la première fois et douze la seconde. Chargée d'un si grand fardeau , son ventre lui descendait jusqu'aux genoux , et elle était obligée de se soutenir avec une espèce de sangle qui lui passait par-dessus les épaules.

Hermentrude, épouse du comte Isamberg d'Altorf, eut également douze enfans d'une même couche.

On a fait mention dans le *Journal de Paris*, en juillet 1811, d'une femme qui accoucha de treize jumeaux bien vivans, et qu'on présenta tous au baptême. On lit dans la feuille intitulée *le Figaro*, du 20 juillet 1827, que les journaux anglais citent un exemple récent de fécondité remarquable, en parlant d'une femme de Brighton, mariée depuis trois ans, et qui, dans ce laps de temps, a donné le jour à dix-huit enfans.

Ceci n'est rien, comparativement à ce que rapporte Cromer, dans son *Histoire de Pologne*, de Marguerite, épouse du comte Virboslaüs, qui, le 20 janvier 1269, accoucha de trente-six enfans vivans.

La dame Tripet, de la commune de Châteaufort, près Versailles, accoucha d'un garçon le 16 juillet 1819, et le lendemain elle mit au monde un second garçon et une fille. Dans deux couches précédentes, elle avait eu deux jumeaux chaque fois, de sorte qu'elle a eu sept enfans en trois couches. En 1775, Anne Vallas, de Roanne, accoucha, à six mois de grossesse, de quatre garçons : cinq mois auparavant, elle avait mis au monde deux jumeaux ; de sorte que dans l'espace de onze mois, elle fut mère de six enfans.

Dans le septième volume de la collection de l'Académie des sciences, on lit un Mémoire de Gabriel Clauder, où il est question d'une femme de vingt-six ans, qui, après être accouchée d'un garçon bien conformé, mit au monde, sept jours après, un autre enfant non moins bien portant. A Beaufort, en Vallé, une jeune femme, fille de Macé Chaunière, accoucha de deux enfans, à huit jours de distance. On rapporte qu'on amena d'Alexandrie à l'empereur Adrien, une femme qui avait eu cinq garçons, dont quatre d'une même couche, et le cinquième était venu quarante jours après ses frères.

Le docteur Venette, dans son *Tableau de l'Amour conjugal*, parle d'une femme de La Rochelle, qui accoucha d'un garçon vingt-neuf jours après être accouchée d'une fille ; il ajoute qu'étant remise de sa première couche, elle alla à sa campagne où elle accoucha de son second enfant.

Le 17 janvier 1820, une femme de trente-deux ans, nommée Dethier, épouse de Henri Joie, demeurant à Moha, près Huy, au royaume des Pays-Bas, en accouchant pour la septième fois, donna naissance à quatre filles ; la première vint au monde à dix heures du soir, la seconde à minuit, et les deux autres à quatre heures du matin. La dame Gradwohl, épouse d'un marchand de cuirs à Strasbourg, eut une semblable couche en juillet 1802.

Le 11 mars 1803, la femme d'un vigneron de Pouilly (Côte-d'Or), travaillant à la vigne, ressentit les douleurs de l'enfantement, et accoucha d'une fille. On croyait que c'était une affaire finie, lorsqu'elle mit au monde un second enfant. Arrivée enfin chez elle, de nouvelles douleurs la reprirent, et elle en fit un troisième. Le mari, stupéfait, ne savait plus quand cela finirait ; mais il n'en vint point d'autres que ces trois jumeaux qui furent présentés bien portans au baptême.

Le *Mercure historique* du mois de janvier 1709, rapporte que la femme du gouverneur de Châteaudun, âgée d'environ cinquante ans, étant devenue excessivement enflée, on ne douta point que cette enflure ne fût causée par l'hydropisie; de sorte qu'on résolut de lui faire une incision au côté. Quelle fut la surprise des médecins et chirurgiens, lorsqu'au lieu des eaux qu'on s'attendait de voir sortir, on reconnut qu'elle était enceinte; et en effet, elle mit au monde sept enfans, quatre garçons et trois filles.

On lit dans le *Mercure de France*, année 1728, que Dominga Fernandez accoucha, le 8 février de ladite année, d'un garçon; le 20 avril, d'une fille; le 27 du même mois, d'un garçon; le 28, de deux autres enfans mâles; encore d'un garçon dans chacune des journées des 29 et 30; et enfin, le 5 mai, de deux filles et un garçon. La marquise de Parga, dans les domaines de laquelle se trouve la ville de Caraminhal, où cette femme était établie, fut la voir et en fit prendre soin.

11*

Valmont de Bomare, dans son *Histoire naturelle*, cite une jeune négresse de Virginie qui accoucha, la première fois, d'un enfant noir ; la seconde fois, de deux jumeaux, un garçon noir et une fille mulâtre ; et la troisième fois, de trois enfans, dont deux mulâtres et l'autre absolument noir.

Héliodore rapporte que Pursina, reine d'Éthiopie, conçut du roi Hydaspes, aussi noir qu'elle, une fille extrêmement blanche.

Le journal *l'Étoile*, du 17 janvier 1822, parle d'une femme de Southampton, accouchée récemment d'une fille blanche et d'un garçon noir.

On lit dans le *Mémorial bordelais*, du mois de décembre 1825, que les médecins de Barcelonne venaient de reconnaître qu'une femme, accouchée récemment d'un enfant mort, paraissait avoir porté neuf années cet enfant dans son sein. C'était l'avis unanime de la Faculté.

Nous avons vu à Paris, en 1820, la dame Marie Coffunet, alors âgée de cinquante-sept ans, qui, étant devenue enceinte il y avait quinze ans, portait depuis ce laps de temps dans son sein un enfant qu'elle sentait très-distinctement remuer de temps à autre. Son ventre offrait une circonférence de six pieds sur quatre pieds de long; il se prolongeait par conséquent de manière à lui cacher entièrement les cuisses et les jambes. Cette femme, née dans la capitale, et demeurant au faubourg Saint-Antoine, avait dû être une très-jolie personne dans sa jeunesse; elle possédait encore un reste de beauté; quoique brune, elle avait la peau très-blanche, le sein d'une juste proportion et bien placé, le bras arrondi et la main potelée; enfin, malgré ce ventre énorme, sa personne offrait néanmoins un ensemble agréable, parce que sa physionomie animée n'annonçait aucun signe de souffrance. Elle pesait trois cents livres.

Dans les actes de la Société royale britannique, on trouve l'histoire d'une femme qui porta un enfant dix-huit ans, accoucha d'un autre dans l'intervalle, et fut enfin délivrée des eaux du premier par un abcès.

Marguerite Mathieu, de Toulouse, bel esprit de ce pays-là, qui accouchait tous les jours de quelques pièces de vers français ou languedociens, fut grosse pendant vingt ans d'un enfant qui, à sa mort, arrivée en 1678, se trouva mort aussi, mais bien conservé.

Voici un fait qui s'est passé en 1816 ou 1817 à Vitry. Une femme ayant tous les symptômes d'une grossesse déjà avancée, se trouva exposée à l'action de la foudre qui, durant un orage, tomba dans sa chambre ; et, à la suite d'une maladie assez grave, elle cessa d'éprouver les incommodités de son état. Le terme présumé de sa grossesse arriva, et se passa sans que la nature annonçât aucun mouvement pour sa terminaison. Enfin, cette femme vécut encore trente années, parlant toujours de sa grossesse, et priant surtout qu'on l'ouvrit après sa mort. Quand elle eut payé ce tribut, on exécuta sa dernière volonté ; l'on trouva, au grand étonnement de tout le monde, le corps d'un enfant mort, mais dans un état de dessiccation qui en avait assuré la conservation.

On voit dans le cabinet du roi de Wurtemberg, un enfant qui est resté quarante-six ans dans le sein de sa mère, laquelle en a vécu quatre-vingt-seize.

Nous avons des exemples étonnans d'enfantemens précoces. On lit dans l'Ecriture Sainte que Achaz, roi de Juda, monta sur le trône à vingt ans; que son règne fut de seize années, et que son fils Ezéchias avait vingt-cinq ans lorsqu'il lui succéda : d'où il faut conclure que Achaz n'avait que onze ans lorsqu'il engendra ce fils.

Saint Jérôme rapporte qu'un garçon de dix ans avait eu un enfant de sa nourrice. Le pape Saint Grégoire raconte la même chose d'un garçon de neuf ans.

Scaliger fait mention comme d'une aventure connue de toute la Gascogne, que deux jeunes gens de ce pays, fortement épris l'un de l'autre, le garçon âgé de douze ans, et la fille seulement dans sa dixième année, avaient eu un enfant. Un fait semblable est arrivé près de Dinan en Bretagne, au mois de janvier 1776, et se trouve rapporté par Nougaret, dans les *Anecdotes du règne de Louis XVI.*

Olivarius dit qu'il a vu au Mogol une fille

de deux ans qui avait de la gorge comme une nourrice : elle devint nubile à trois ans ; à cinq ans et demi, elle perdit sa virginité, et dans sa sixième année elle accoucha d'un garçon.

Par opposition à ces précocités, nous citerons quelques enfantemens tardifs non moins extraordinaires. Valère-Maxime prétend que Massinissa, roi de Numidie, engendra Methynnate après quatre-vingt-six ans. Un autre historien plus moderne a écrit que Uladislas, roi de Pologne, fit deux garçons à l'âge de quatre-vingt-dix ans ; et Félix Platerus dit que son aïeul était âgé de cent ans quand il cessa d'être père.

On lit dans les Mémoires de l'Académie des sciences, pour l'année 1710, que l'évêque de Séez avait fait connaître un homme de son diocèse, âgé de quatre-vingt-quatorze ans, qui épousa une femme grosse de lui, et qui en avait quatre-vingt-trois : elle accoucha à terme d'un garçon.

Le *Mercure historique* du mois de mars 1723, cite la femme d'un cordonnier d'Arezzo, qui, à l'âge de quatre-vingt-cinq ans,

venait d'accoucher d'un garçon, après qua-
rante-sept ans de mariage.

Mais voici des phénomènes tenant encore
plus du prodige; il s'agit d'hommes qui ont
enfanté. Le 7 août 1759, dans la ville de
Dordrecht, en Hollande, un brasseur nommé
Sleok, âgé de vingt-deux ans, fut soumis à
une opération latérale, après avoir été traité
long-temps comme hydropique. Les médecins furent bien étonnés de trouver un enfant
mâle qui paraissait être à terme.

Le *Journal de Paris*, du 9 juillet 1804,
rapporte qu'en 1771, on fit l'opération césa-
rienne à un homme qui demeurait près de
Hall, dans le pays saxon, et que le père et
l'enfant vécurent.

A Nicklsbourg, village d'Allemagne en
Moravie, sur les frontières d'Autriche, dans
les premiers jours d'août 1773, un soldat,
âgé de vingt-deux ans, que l'on traita pendant six mois comme hydropique, à cause
de l'enflure de son ventre et des douleurs
qu'il ressentait, étant mort, on en fit l'ouverture, et l'on trouva dans la cavité abdo-
minale un fœtus mâle bien conformé.

Le dernier individu de ce genre dont nous ayons eu connaissance, est un nommé Amédée Bissieu, fils d'un propriétaire à Verneuil, département de l'Eure. Ce garçon naquit en avril 1790, d'une femme bien portante, et déjà mère d'un enfant très-bien constitué ; elle présume avoir conçu Amédée dans une nuit de tumulte et d'alarmes qui forcèrent les habitans de Verneuil à courir aux armes. C'était dans la fameuse nuit du 14 juillet 1789, où se répandit d'un bout à l'autre de la France, et simultanément, la nouvelle de la révolte et des massacres qui avaient lieu à Paris. Quelques chagrins éprouvés pendant la grossesse n'empêchèrent pas l'accouchement d'être heureux. La nourrice, à qui l'enfant fut confié, désespérait pouvoir l'élever, tant il était faible et débile. Remis entre les mains de ses parens, il se plaignit, dès qu'il put balbutier, de douleurs dans le côté gauche ; peu à peu cette partie augmenta de volume ; les dernières fausses côtes s'élevèrent, et présentèrent à l'œil une espèce de difformité ; il éprouvait constamment une faiblesse dans cette partie. Parvenu à l'âge où l'on décore les enfans de l'habit qui distingue leur sexe, les culottes l'embarrassaient plus qu'elles n'ont coutume de faire à tout autre. A sept ans, il fut mis en pension à Rouen, et sembla recouvrer sa santé. La nature l'avait doué de dispositions très-heureuses ; il annonçait beaucoup de goût pour l'étude, avait l'esprit vif et pénétrant, et le raisonnement au-dessus de son âge. En grandissant, il devint d'une vivacité et d'une agilité peu communes ; il montait fort bien à cheval et galopait à poil. Dans ses exercices, il se cassa un bras ; mais ayant été bien remis, il s'en servait parfaitement et n'en ressentait aucune incommodité. A l'âge de treize ans et demi, il tomba malade et succomba le 14 juin 1804. On l'ouvrit, et l'on trouva dans son corps un fœtus qui fut mis dans de l'esprit de vin pour être envoyé à la Faculté de médecine.

Après ces enfantemens extraordinaires de femmes et d'hommes, en voici un d'une autre sorte, qui est encore plus surprenant. On lit dans les Transactions philosophiques de la Société royale de Londres, qu'en 1672, la femme d'un meunier du bourg de Bezendorff, accoucha à terme d'une fille qui paraissait se bien porter, à l'exception qu'elle avait le ventre plus gros que dans l'état naturel. Huit jours après sa naissance, cet enfant accoucha d'une autre petite fille qui fut baptisée, et vécut, ainsi que sa petite maman, jusqu'au lendemain.

CHAPITRE X.

FAMILLES EXCESSIVEMENT FÉCONDES.

Dans la *Genèse*, il est dit que la maison de Jacob qui vint s'établir en Égypte se composait de soixante-dix personnes ; et Moïse déclare que ces Israélites multiplièrent tellement, qu'ils sortirent de cette province au nombre de six cent mille hommes, sans compter les enfans, et cela au bout de deux cents ans. Il est vrai qu'il n'est pas rare en Egypte de voir une femme devenir mère de sept enfans d'une seule couche, et l'on attribue cette fécondité aux eaux du Nil, dont le breuvage, assure-t-on, aurait la vertu de rendre féconde même une femme stérile.

Gédéon eut de plusieurs épouses soixante-dix fils, sans compter le bâtard Abimélech qui fit un jour égorger les soixante-dix enfans légitimes, dans la ville d'Ephra.

Séméïas, chef d'une famille lévitique, se trouva au transport de l'arche, à la tête de deux cents de ses frères.

Asia III, chef des descendans de Merari, était l'aîné de deux cent vingt frères.

Si l'on s'était occupé de réunir tous les enfans naturels de l'empereur Proculus, le nombre en eût été curieux : ce prince, est-il dit dans l'histoire romaine, fit choisir cent filles polonaises ou de Sarmatie, qu'il rendit enceintes en quinze jours de temps.

Babon, comte d'Aremberg, eut de deux épouses huit filles et trente-deux garçons, tous forts et bien portans. Henri II, faisant une partie de chasse à Ratisbonne, invita Babon à s'y trouver. Ce seigneur crut devoir profiter de cette occasion pour présenter sa famille à l'empereur. Ayant donc équipé ses trente-deux fils, avec un domestique pour chacun, il les mena au rendez-vous convenu pour cette chasse. Henri, surpris de l'arrivée de ces soixante-quatre cavaliers, demanda à

Babon ce que signifiait toute cette suite. « Ce sont, répondit le comte, mes trente-deux fils, accompagnés chacun d'un valet, et qui ne veulent vivre que pour vous servir, ainsi qu'a fait leur père. J'ai peu de bien pour les élever convenablement à leur qualité ; et j'ai cru que Votre Majesté pourrait leur en faire. Je puis même assurer qu'ils sont heureusement nés, dignes, en un mot, du sang et de la réputation de leurs ancêtres ; et si vous trouvez digne de vous le présent que j'ose vous en faire, vous pouvez le regarder, à partir de cet instant, comme le propre bien de Votre Majesté. » Henri agréa avec plaisir l'offre du bon vieillard, donna de l'emploi à tous les frères, s'en trouva bien, et nombre d'illustres familles d'Allemagne, se font honneur aujourd'hui de tirer leur origine de ce comte Babon.

Ceci rappelle la famille des Caqueray, citée dans l'*Histoire des Émigrés français*. Quarante officiers de cette famille se trouvant réunis sous le drapeau blanc à l'armée des princes frères de Louis XVI, demandèrent à former une compagnie détachée, sous le commandement de celui d'entr'eux qui était le plus élevé en grade. Mais monseigneur le comte d'Artois, auquel ils s'adressèrent, ne voulut pas qu'une famille si dévouée courut le risque de se faire exterminer dans un seul combat; et son altesse royale, suivant l'impulsion d'une noble et tendre sollicitude pour de si braves chevaliers, s'empressa au contraire de les disperser dans différens corps de son armée. Ce digne chef primitif de l'émigration française, aujourd'hui Charles X, voit autour de son trône ceux de ces hommes fidèles qui ont eu le bonheur de survivre jusqu'aux jours fortunés de la restauration.

Dans la séance du 7 septembre 1792, l'Assemblée législative accorda une pension de 400 livres à la veuve Poissonneau, mère de vingt-deux enfans; dont quatorze étaient au service militaire; et le conseil des Cinq-cents accueillit, le 13 novembre 1798, la pétition d'un vieillard, nommé Hainselin, père de vingt-sept enfans, présens sous les drapeaux.

Nous voyons au cimetière du Père-Lachaise la tombe de J.-B. Leullier, décédé en 1807, dont l'épitaphe porte qu'au moment où la mort vint le frapper, il avait quarante-quatre enfans et petits-enfans vivans.

Le fameux Samon, qui de négociant français devint roi des Esclavons, eut dans ce pays trente-sept enfans, dont vingt-deux garçons et quinze filles.

Au mois de mars 1755, on présenta à l'impératrice de Russie, un paysan nommé Jacques Kiriloff, du village de Wendeskeo, qui avait été marié deux fois. Sa première femme était accouchée vingt-une fois; savoir, quatre fois de quatre enfans, sept fois de trois, et dix fois de deux. Ces cinquante-sept enfans étaient tous pleins de vie. Sa seconde femme, qui l'accompagnait, en avait déjà quinze; cela faisait donc un total de soixante-douze enfans. Ce patriarche russe n'était âgé que de soixante-dix ans.

Mistriss Shattleworth, morte en juillet 1818, à Essex, était mère de vingt-deux enfans, grand'mère de quatre-vingt-trois, bisaïeule de vingt-un.

Le 6 novembre 1819, il est décédé à Chaumont, un marchand nommé Louis Châtelain,

12

âgé de quatre-vingt-neuf ans, lequel avait eu de quatre épouses successives, vingt-six enfans, et de ceux-ci cinquante-quatre petits-enfans. Il avait été soixante-six fois parrain.

Le journal *le Constitutionnel,* du 8 février 1821, fait mention d'un homme âgé de soixante-seize ans, existant à Marseille, et qui a eu, de trois femmes différentes, trente-neuf enfans, dont vingt-cinq sont pleins de vie, et dont le dernier n'a que sept ans.

A Orella-la-Vieja, province d'Estramadure, la dame Maria-Antonia Sanchez a eu de deux époux dix enfans, et de ces enfans, dix-sept petits-fils et quarante-neuf arrière-petits-fils. Si l'un de ces derniers, âgé de dix-sept ans, réalise un mariage projeté, sa bisaïeule verra probablement dans l'année, sa quatrième génération; et comme elle n'a que quatre-vingt-six ans, et qu'elle jouit d'une bonne santé, il serait encore possible qu'elle vît la cinquième génération de cette progéniture extraordinaire.

Nous avons en France un vieillard plus qu'octogénaire, nommé Cudorge, résidant à Courson, département du Calvados, qui compte soixante-cinq enfans ou petits-enfans. Notre auguste monarque l'a gratifié d'une pension sur sa cassette.

Un médecin appelé Tiraqueau, mérita cette épitaphe, par sa fécondité et sa vaste érudition.

> *Hic jacet D. Tiraqueau*
> *Qui, aquam bibendo*
> *Vigenti liberos suscepit,*
> *Vigenti libros edidit,*
> *Si merum bibisset,*
> *Totum orbem implesset.*

> Ci-gît le docteur Tiraqueau,
> Qui, ne buvant que de l'eau,
> Fit vingt enfans, fit vingt volumes;
> S'il n'avait bu que du vin,
> Il en eût rempli le monde.

CHAPITRE XI.

LONGÉVITÉS SURPRENANTES, DEPUIS LE PREMIER AGE DU MONDE JUSQU'A NOS JOURS.

On ne saurait assez admirer la sagesse de la Providence, qui, pour instruire les hommes, a prolongé extraordinairement l'existence de nos premiers pères, afin qu'au défaut de traditions écrites, ils pussent raconter les faits des premiers âges du monde. Nous n'avons à consulter, pour les temps les plus anciens, que Moïse. « L'histoire de Moïse, nous dit Baillot-Saint-Martin dans sa *Chronologie des peuples du monde*, l'histoire de Moïse, la plus vraie qui existe, contient les onze premiers siècles après le déluge ; elle a été continuée avec le plus grand soin par les chefs de la nation juive, et ensuite par Josephe, historien célèbre, contemporain de l'empereur Néron. »

Moïse commence son histoire à la création du monde. Il tenait tous les faits antérieurs au déluge, principalement d'Amram, son père, petit-fils de Lévi, avec qui il avait long-temps vécu. Lévi avait habité trente-trois ans avec Isaac, et celui-ci avait demeuré cinquante ans avec Sem, fils de Noé.

Noé avait six cents ans lors du déluge, et il vécut trois cent cinquante ans après. Il était petit-fils de Mathusala, qui a vécu neuf cent soixante-neuf ans : c'est le plus grand âge que l'on cite, puisque Adam, notre premier père, n'a atteint que sa neuf cent trentième année. Seth, fils d'Adam, a vécu neuf cent douze ans (1).

_____

(1) Selon le chronologiste Silvius, qui florissait vers l'an 450, l'année n'était anciennement que de six mois chez les Acarnaniens; de quatre, chez les Égyptiens; et de trois seulement, chez les Arcadiens. Cela se rapporte avec ce que nous dit Pline, que les Égyptiens composaient leurs années de trois époques, savoir : le débordement du Nil, en juillet; le labourage, en novembre, et la récolte, en mars. Ce qu'il y a de certain, c'est que l'année romaine, du temps de Romulus, n'avait que dix mois, et que ce fut Numa Pompilius qui ajouta deux mois à cette année pour

Mathusala, qui mourut peu de temps avant le déluge, était fils d'Enoch, qui fut enlevé au ciel à trois cent soixante-cinq ans; et Enoch était fils de Jared, qui l'avait eu à la cent soixante-troisième année de son âge. Malaléel, père de Jared, vécut huit cent quatre-vingt-quinze ans. Enos, fils de Seth, et petit-fils d'Adam, vécut neuf cent cinq ans.

Lamech, fils de Mathusala et père de Noé, vécut sept cent soixante-dix-sept ans : ce fut lui qui introduisit la polygamie, en épousant Ada et Sella. A partir de Noé, nous voyons déjà l'existence de l'homme singulièrement abrégée, puisque Sem, son fils aîné, ne vécut que six cents ans. Tharé, petit-fils de Sem, avait habité cent vingt-huit ans avec Noé, il en avait appris les événemens antérieurs au déluge; à son tour il en instruisit son fils Abraham, qui fut le père des Israélites.

Nous allons maintenant nous occuper des longévités anciennes et modernes, en citant

---

accorder les saisons. Il est donc facile de concevoir comment on attribue à nos premiers pères une existence d'un aussi grand nombre d'années.

les personnages par rang d'âge : dans cette revue intéressante des vétérans du genre humain, nous trouverons des contemporains rivalisant, pour ainsi dire, avec les anciens, dans ces longues existences qui nous semblent incompréhensibles, aujourd'hui que l'âge de cent ans est un terme de vieillesse qu'il n'est pas accordé à tout le monde d'atteindre.

Au mois de mars 1826, un journal (*la Pandore*) a fait mention d'une femme nommée Rebecca White, habitant l'île de Wight, qui venait d'atteindre sa cent quatrième année, et qui comptait cent soixante-dix enfans ou petits-enfans.

La fameuse Judith, qui coupa la tête à Holopherne, avait cent cinq ans lorsque Dieu l'appela à lui.

Félix Miné, mort le 16 octobre 1825 à Arcey (Doubs), âgé de cent cinq ans et neuf mois, avait conservé toutes ses facultés, et se rendait tous les jours à l'église. Il avait fait les campagnes de Hanovre dans le régiment de *Monsieur,* et avait été blessé d'un coup de feu au bras droit à la bataille de Rosbach.

On vit en Angleterre le célèbre comédien Macklin, âgé de plus de cent ans, attirer une affluence considérable au théâtre de Covent-Garden pour lui voir remplir son rôle du Juif Shylock, comédie de Shakespear, et celui du Marchand de Venise, qu'il rendait mieux que Garrick lui-même. Il mourut en 1797, âgé de cent sept ans. Valerie Capriola, à l'âge de cent quatre ans, dansait encore parmi les baladines aux Jeux séculaires de l'empereur Octave.

Il est mort à Tours, en 1807, le nommé Jean Thurel, né en 1699 à Orrain-sur-Vin-geance (Côte-d'Or), par conséquent âgé de cent huit ans. Il avait servi sous Louis XIV, Louis XV, Louis XVI, la république et l'empire : c'était le doyen des soldats français.

Le 16 février 1821, il est mort à Paris, à l'hôpital des Quinze-Vingts, un vieillard également âgé de cent huit ans, et qui était aussi un ancien militaire. Il y avait trente-sept ans que cet homme, appelé Jean Lecoq, se trouvait dans cet hospice consacré aux aveugles ; et, malgré son infirmité, il conserva jusqu'à son dernier moment une gaîté extraordinaire,

Le roi d'Angleterre se trouvant à Brighton au commencement de 1822, reçut ce placet d'un vieux soldat âgé de cent huit ans : «Sire,
» je ne peux plus vivre par mon travail, et je
» viens demander du pain à Votre Majesté
» pour le pauvre Grant. Vous ne le connaissez
» pas : je vais vous dire qui il est. S'il ne
» peut se vanter d'être le plus ancien de vos
» serviteurs, il doit avouer du moins qu'il est
» le plus ancien de vos ennemis. J'ai combattu
» en 1748 sous les drapeaux du malheureux
» prince Edouard, et je me trouvai à la ba-
» taille de Culloden, qui a décidé la question
» en faveur de votre famille. Mais je n'ai pas
» cessé de chérir le sang de mes anciens rois.»
Après avoir pris lecture de cette singulière supplique, le généreux monarque envoya aussitôt des marques de sa munificence à ce loyal centenaire, avec le brevet d'une pension de soixante livres sterlings (1500 fr.), réversible sur la tête de sa fille, âgée de soixante-dix ans. Depuis lors, le fidèle soldat n'a pas discontinué de porter la santé des Brunswick, mais il n'a jamais vidé une bouteille sans boire aussi à la santé des Stuart.

Jean Lacombe, procureur, mort le 17 dé-

13

cembre 1700, à Toulouse, âgé de cent huit ans, ne vivait depuis douze années que de pain trempé dans de l'eau.

Que l'on termine sa carrière à cent huit ans sans avoir jamais été malade, ainsi qu'en a offert l'exemple un cultivateur, Dominique Espanseil, décédé en octobre 1822, à Beaupuy, canton de l'Ile-Jourdain (Gers), cela est à remarquer. Mais il est bien plus extraordinaire de prolonger son existence jusqu'à cent neuf ans, comme l'a fait François Wilkes, laboureur à Stourbridge, dans le Worcestershire, après avoir éprouvé successivement une foule d'accidens, qui ont rendu sa longue carrière vraiment inimaginable. Un jour, assistant à un combat de taureau, l'animal irrité le perça d'une de ses cornes à l'aine, le foula sous ses pieds et le laissa pour mort sur l'arène. Une autre fois, ayant été se baigner à la rivière, une crampe le saisit dans l'eau, et on le retira qu'il ne donnait presque plus de signe de vie. Dans une autre occasion, il fit une chute où il se cassa un bras et une jambe, et se fractura le cou au point que l'on crût qu'il se l'était brisé. A

son lit de mort on doutait encore s'il tré-
passerait, parce qu'on lui croyait l'âme che-
villée dans le corps.

En 1780, il existait à Pau, en Béarn, un
homme âgé de cent dix ans, nommé Carros,
encore très-agile et qui fréquentait par état
les marchés des villes voisines. A cent cinq
ans, il avait épousé une jeune fille qui l'avait
rendu père la seconde année de leur mariage.

En 1709, il existait à Châteaudun le nommé
Vincent Perier, âgé de cent onze ans, dont
les dents repoussaient comme elles feraient à
un enfant. Cet homme jouissait d'une telle
santé, qu'il faisait à pied, et en deux journées, le trajet de Châteaudun à Versailles,
qui est de vingt-huit lieues.

Sur la fin de 1821, on voyait au hameau
de Cret, commune de Challex, arrondissement de Gex, un cultivateur âgé de plus de
cent onze ans, encore assez robuste, et se
mêlant de travaux agricoles. En 1820, il alla
à Gex pour déposer, dans une procédure;
on se portait en foule pour le voir passer;
on le contemplait avec respect, et les prin-

13*

cipaux habitans se disputaient l'honneur de l'avoir à leur table. Il se rendit aux désirs de quelques Genevois, qui le prièrent de visiter leur ville, où il fut accueilli comme il l'avait été à Gex.

Deux Ecossais, M. et madame Sharp, ont été des centenaires remarquables. Tous deux étaient nés le 1er avril 1663 ; ils furent mariés le 1er avril 1693 ; trois enfans qui naquirent de leur union, virent le jour le 1er avril. Ces deux époux moururent le même jour à Dublin en 1784, âgés de cent onze ans. C'est de leur fille aînée, mariée le 1er avril, que naquit, le 1er avril de l'année suivante, le général Montgomery, qui s'est distingué dans la guerre des Etats-Unis d'Amérique contre l'Angleterre.

En juin 1826, les journaux de Paris ont fait mention de la femme Benet, connue sous la dénomination de la centenaire d'Escaro, commune de l'arrondissement de Prades, où elle résidait ; n'éprouvant aucune des incommodités de la vieillesse, quoique âgée de cent douze ans.

Sébastien Prown, paysan de Lausanne, y

est décédé au commencement de 1704, âgé
de cent treize ans.

En 1780, il existait à Bénac, village à trois
lieues de Limoges, un laboureur, âgé de cent
quatorze ans, qui conservait encore assez de
vigueur pour travailler aux ouvrages de campagne. Deux hommes généreux, prenant intérêt à son grand âge, l'honoraient de leur
estime et de leur bonté. L'un, M. Turgot,
ancien intendant de sa province, l'avait dé-
chargé de toute imposition; et l'autre, M. le
comte d'Escars, lui envoyait tous les ans
deux pièces de bon vin.

Antoine Adner, âgé de cent quatorze ans,
né en 1705 à Bergtolsgarden, a eu l'honneur
d'être présenté au roi de Bavière, et a fait
partie des douze vieillards qui représentaient
les apôtres à la cène, le Jeudi-Saint, 8 avril
1819. Cet homme jouissait d'une excellente
santé.

On a vu à Lyon, en juin 1827, la dame
Durvieux, aussi âgée de cent quatorze ans,
qui assistait au théâtre des Célestins à une
représentation du Centenaire; et on la voyait

avec d'autant plus de plaisir, que cette femme
est très-agile pour cet âge, qu'elle se promène
souvent à pied, et se trouve exempte de tout
signe de caducité.

La Gazette piémontaise du mois d'octobre 1828, rapporte qu'il existe à Lausanne,
une femme âgée de cent quatorze ans, qui a
eu deux maris et a passé une partie de sa vie
sous l'habit d'homme. Cette femme singulière
a été pendant sept ans au service d'un prince
milanais en qualité de courrier. On ne lui
donnerait pas plus de soixante à soixante-dix
ans. Devenue chauve à cinquante ans, de nouveaux cheveux ont recouvert cette tête destinée à braver les injures d'un siècle et plus.
Sa nourriture ordinaire est le café bien sucré; on dit qu'elle en prend quarante tasses
par jour.

En 1801, il est mort à Rosemberg, en Si-
lésie, une veuve nommée Marianne Stany,
âgée de cent quinze ans. Elle était née à Zulz,
en 1686; elle se maria en 1711, avec un fer-
mier, et fut veuve en 1776. De cette union,
qui dura soixante-cinq ans, elle eut trois garçons et cinq filles, qui lui donnèrent soixante-

huit petits-enfans, cinquante-trois arrière-petits-enfans, et deux enfans de la quatrième génération. Cette femme conserva jusqu'à sa mort, l'ouïe et la vue, ne fut jamais malade, et s'éteignit peu à peu comme une flamme qui n'a plus d'aliment.

William Ridley, mort à Selkink à l'âge de cent seize ans, fit la contrebande dès sa jeunesse; c'était le buveur d'eau-de-vie le plus intrépide; il s'enivrait fréquemment plusieurs jours de suite. Après avoir atteint l'âge de quatre-vingt-dix ans, il eut un de ces accès d'intempérance, et but pendant quinze jours sans se coucher. Il épousa sa troisième femme à l'âge de quatre-vingt-quinze ans. Il conserva sa mémoire et son bon sens jusqu'au dernier moment de sa longue existence, qu'il a soutenue principalement en buvant des liqueurs fortes dans lesquelles il trempait un peu de pain.

Une dame de Toulouse, nommée Marguerite Renaud, veuve de Pierre Ferrand, est morte dans cette ville, le 27 décembre 1818, à l'âge de cent dix-sept ans. Nous avons vu à Paris un homme de cet âge, nommé Huet, ancien militaire, ayant une belle figure et portant une longue barbe blanche. Il avait servi sous Louis XIV, s'était trouvé à la bataille de Fontenoy, et avait fait le tour du monde avec Bougainville. Lors de la naissance du duc de Bordeaux, il se trouva au nombre des personnes qui jouirent de la faveur d'approcher du berceau de l'auguste enfant, et madame la duchesse de Berry daigna lui verser elle-même un verre de vin de Jurançon dont le petit prince venait de têter quelques gouttes comme jadis Henri IV. Le gouvernement lui faisait une pension, comme au doyen des soldats français; et, en cette qualité, il reçut la décoration de la légion d'honneur, le 25 août 1822, jour de l'inauguration de la statue de Louis XIV. Il est mort à l'hôtel royal des Invalides, le 26 janvier 1826.

Pierre Piéton, vigneron, du village de Hautvilliers, près Reims, est mort en septembre 1695, âgé de cent dix-sept ans. Jusqu'à cent quinze ans il avait travaillé sans ressentir presqu'aucune des incommodités de la vieillesse. Il s'était marié deux fois en sa vie, à vingt-cinq ans et à cent dix ans. On ne dit pas quel âge avait la femme qu'il épousa cette dernière fois; mais on a vu un marchand de la commune de Monheur, près Tonneins, se marier, en janvier 1708, à l'âge de cent dix-sept ans, et épouser une jeune fille de dix-huit ans, la demoiselle Vigniau de Dreme; c'était bien l'union de l'hiver et du printemps.

Pierre Vîzzano, du village de Marsosa, dans la Calabre, se maria à l'âge de dix-huit ans, avec Alphonsina, jeune fille qui n'en avait que quinze. Au bout de cent ans de ménage, il désira entrer dans un couvent de Franciscains de Reggio; sa femme y consentit; et peu de temps après on vit, chose peut-être unique, cette femme de cent quinze ans venir assister à l'enterrement du moine, son mari, qui n'avait pu aller au-delà de sa cent dix-huitième année.

Jean Chiossich, dalmate d'origine, né à Vienne, le 27 décembre 1702, est mort le 21 mai 1820, à la caserne des invalides de l'île de Murano, près Venise, à l'âge de cent dix-huit ans. Nous avons eu en France un vieillard du même âge, qui conduisait encore sa charrue quelques mois avant sa mort, ar-

rivée au mois de février 1822 : c'est le nommé
Claude-Joseph Johun, du village de Pentoux,
près Saint-Claude.

Le 13 mai 1824, est mort à l'âge de cent
dix-neuf ans, dans la commune de Warem-
page, district de Marche (Pays-Bas), le nommé
Guillaume Kesch, veuf depuis quelques années, et laissant quatre enfans. Cet homme
ne se nourrissait que de pain de seigle et de
pommes de terre. Il avait fait la guerre de sept
ans comme soldat. A l'exception de la vue, il
avait conservé toutes ses facultés, et surtout
une gaîté franche qui était la base de son caractère.

Voici une histoire de centenaire qui a fait
quelque bruit par sa singularité. Un jeune
homme de Lyon fut condamné aux galères
pour cent ans et un jour : il en avait alors dix-
neuf. La nature ayant fait pour lui le miracle
d'une vie assez longue pour subir la peine entière, il revint dans sa ville natale à cent dix-
neuf ans et six mois, et y trouva un terrain
qui lui appartenait occupé par une superbe
maison que M. de Tolosan avait fait bâtir,
ayant hérité de ce terrain de son père, lequel

l'avait acheté du domaine qui s'en était emparé. Le vieillard étant allé consulter un avocat pour rentrer en possession de son bien,
l'affaire fut si bien entamée, que M. de Tolosan prit le parti de transiger moyennant une
somme de cent mille livres.

Les journaux ont fait mention de Sara Barneti, femme juive, qui, après avoir voyagé
dans les quatre parties du monde, est morte
à Charlestown, aux Etats-Unis, le 9 janvier 1821, à l'âge de cent vingt ans.

Seich-Ali, kan de Derbent, en Perse, était
âgé de plus de cent vingt ans, lorsqu'après
l'envahissement de ses états par la Russie,
en 1796, il termina une carrière parcourue
avec gloire dans le Schirvan, où il avait souvent combattu les Russes avec succès.

On a vu en France le nommé Jean Jacob,
né en 1669 dans le département du Jura, faire
le voyage de Paris, à l'âge de cent vingt ans,
et aller porter lui-même une pétition à l'Assemblée constituante, qui, par respect, disent
les feuilles du temps, se leva devant ce doyen
du peuple français.

La veuve Jacqueline Fauvel, morte en 1711, au village de Saint-Nicolas, près Coutances, âgée de cent vingt-un ans, filait encore huit jours avant son décès.

Un maître d'école de Paris, nommé Meunier, est mort le 22 mars 1708, à l'âge de cent vingt-deux ans.

Aaron, frère de Moïse, vécut cent vingt-trois ans. Les journaux de Paris, de juillet 1826, ont fait mention d'un vieillard du même âge qui venait de mourir au port de Pierre-Paul, dans le gouvernement de Kamtschatka. Né sous le règne de Pierre-le-Grand, il avait été témoin de dix couronnemens. Il n'avait jamais bu d'eau-de-vie, ce qui est extraordinaire parmi les Russes. Marié cinq fois, il eut de ses différentes femmes trente-huit enfans, qui lui donnèrent cent petits-fils.

Cécile du Sol, paysanne du village de Morcassagne, à deux lieues de Cahors, y est décédée en décembre 1698, à l'âge de cent vingt-trois ans.

David Ferguson, mort il y a quelques années en Ecosse, à l'âge de cent vingt-quatre ans, avait été militaire ; il se souvenait d'avoir vu la reine Anne, en Angleterre, et lord Marlboroug à la bataille de Malplaquet.

Le *Mercure historique* du mois d'août 1698, rapporte qu'il venait de mourir à Copenhague, une femme âgée de cent vingt-quatre ans, qui avait été au service du célèbre Ticho-Brahé.

Esaü, qui vendit son droit d'aînesse pour un plat de lentilles, vécut cent vingt-six ans.

Le *Journal des Débats,* du 8 novembre 1827, contient un article curieux, extrait des feuilles du royaume des Deux Siciles, relatif à une femme indigente, âgée de cent vingt-huit ans, qui habite la commune de Drosi, dans la Calabre ; elle a eu quatre maris et un seul enfant. Les rois Charles III et Ferdinand Ier, ont été successivement ses bienfaiteurs. Dernièrement, disait-on, elle a fait le voyage de Naples pour obtenir une audience de François Ier, roi régnant. Ce monarque a daigné augmenter la pension viagère dont elle jouissait ; il a ordonné qu'elle fut défrayée par le trésor public pendant son séjour dans la capitale, et qu'on lui remît soixante ducats pour couvrir les dépenses de son retour à Drosi.

Joïada, ce grand-prêtre qui trouva le moyen de soustraire le jeune Joas aux fureurs d'Athalie, vécut cent trente ans.

Au mois d'avril 1706, il mourut à Northampton, un boutonnier nommé Jean Bales, également âgé de cent trente ans ; et les journaux de 1819 ont rapporté qu'il existe aux Etats Unis un invalide du même âge, nommé Henri Francisco : ils ajoutent qu'on venait de délivrer au bureau de la guerre, à Washington, un certificat de vie pour la pension de ce vétéran qui était soldat en Angleterre lors du couronnement de la reine Anne. Malgré son extrême vieillesse, il était encore en état de marcher, et conservait toutes ses facultés morales.

Marion Delorme, née en 1618, cette femme belle et remplie de talens, qui fut successivement la maîtresse de Cinq-Mars et du cardinal de Richelieu, prolongea sa carrière jusqu'à l'âge de cent trente-quatre ans, et mourut à Paris, sur la paroisse Saint-Paul, en 1752.

Les Américains parlent d'un nègre qui, à
l'âge de cent trente-cinq ans, est encore esclave dans les Etats-Unis. Ce malheureux,
qui compte plus d'un siècle d'esclavage, fut
vendu par ses compatriotes, à l'âge de vingt-
trois ans, à des Anglais. Fait prisonnier depuis par des Français, il fut amené en France,
et y servit vingt ans. De là, il fut conduit en
Amérique et vendu à un propriétaire auprès
de Baltimore, chez lequel il resta vingt-un
ans. Il a passé ensuite dans une autre famille,
et y est resté soixante ans.

Nicolas Petours, cordonnier à Saint-Malo,
était fils d'un homme qui a vécu cent vingt-
trois ans. En novembre 1712, ce cordonnier
ayant un procès qui réclamait sa présence à
Coutances, fit à pied et en deux journées ce
trajet, qui est de vingt-quatre lieues. Il était
âgé de cent dix-huit ans, avait été marié
quatre fois, et avait des enfans de chaque
femme, excepté de sa dernière femme qu'il
avait épousée à cent quatorze ans, et qui fit
une fausse couche au bout d'une année de
mariage. Cet homme voyait sa septième génération, et comptait cent quatre-vingt onze

descendans vivans. Son oncle et parrain, Nicolas Petours, chanoine de la cathédrale de Coutances, était parvenu à l'âge de cent trente-sept ans, et jouissait d'une si bonne santé, qu'il disait encore la messe cinq jours auparavant son décès.

En 1822, il existait à Felicianowo, près de Rawa, en Pologne, un vieillard nommé Jabkowski, âgé de cent trente-huit ans. Ce n'est qu'à sa centième année qu'il s'est déterminé à épouser une veuve âgée de cinquante ans, avec laquelle il vit, disait-on, heureux et content. Dans sa jeunesse il avait servi dans l'armée prussienne.

Le 7 avril 1827, il est mort à Falmouth, dans la Jamaïque, une négresse nommée Rebecca Fury, âgée de cent quarante ans; âge dont l'exactitude a été vérifiée d'après les contrats de ses propriétaires qui ont attesté que cette esclave avait conservé sa raison jusqu'au dernier moment.

En Amérique, on conserve la mémoire de della Palpa, juif portugais, mort en 1782, en sa maison de campagne, à une lieue de Charlestown, à l'âge de cent quarante ans. Ne laissant aucun héritier, il avait ordonné que ses biens, consistant en 500,000 liv. sterling, fussent distribués en œuvres de bienfaisance et de charité, sans aucune distinction de secte ni de religion.

En octobre 1825, on a publié la mort d'un chirurgien, nommé Palo-Timan, qui résidait à Vendemont, en Lorraine. La veille de son décès, cet homme, âgé de cent quarante ans, avait, disait-on, fait avec beaucoup d'habileté, d'une main ferme et sûre, l'opération du cancer à une femme du canton. Il était garçon, et n'avait jamais été malade, quoiqu'il n'eût passé aucun jour de sa vie sans s'enivrer à souper, repas qu'il n'avait point cessé de faire jusqu'au jour de sa mort.

Buchanan, dans son histoire d'Ecosse, rapporte qu'un habitant de ce pays, nommé Laurent Hethland, se maria à l'âge de cent ans. A cent quarante, il allait pêcher encore en mer.

Le *Journal de Paris*, du 51 décembre 1820, mentionnait un vieillard de cent quarante-

14

deux ans, habitant la commune de Vauvileau, près Cherbourg, qui, malgré cette extrême vieillesse, jouissait d'une santé assez forte pour se permettre de s'occuper encore de travaux d'agriculture.

En 1773, il mourut à Copenhague un matelot nommé Draakenberg, âgé de cent quarante-six ans. Il se maria à cent onze ans ; il en avait cent trente lorsque sa femme le laissa veuf. Il devint amoureux d'une jeune fille de dix-huit ans, qui le refusa. De dépit, il jura de vivre garçon, et, sauf quelques écarts, il tint parole.

Titus Fulonius, Bolonnais, vécut cent cinquante ans, comme il paraît par les dénombremens qu'on faisait de cinq ans en cinq ans sous les empereurs romains.

Anne Johnson, morte le 26 octobre 1777 à Askew, en Angleterre, était âgée de cent cinquante ans, et n'avait aucune autre infirmité qu'un peu de surdité qui lui était survenue dans sa cent quinzième année.

Thomas Paar, paysan de Shropshire, aussi dans la Grande-Bretagne, et qui mourut à

Londres le 16 décembre 1635 , chez le comte d'Arimidel , à l'âge de cent cinquante-deux ans et neuf mois, avait été admis en présence de Charles Ier et d'Henriette-Marie, son épouse; il présenta un placet où il parlait de son âge , souhaitait une longue vie à leurs majestés , et se recommandait à leur bienveillance. « Vieillard , lui dit la reine , vous qui avez vécu si long-temps , qu'avez-vous fait de plus que les autres hommes ? — Madame , répondit-il , j'ai fait pénitence , pour avoir eu un bâtard à cent ans passés. » A cent vingt ans , il épousa une veuve, qui affirma , après la mort de ce second mari, qu'il n'y avait qu'une douzaine d'années que le commerce du mariage était interrompu entre eux.

Dans l'état de population dressé en décembre 1817, à Saint-Pétersbourg, on fait mention d'un vieillard existant , et qui comptait cent cinquante-cinq ans d'âge. Il est rapporté dans les *Nouvelles Annales des Voyages*, tome 26, publié en juin 1825, qu'on trouve sur la liste des décès de cette même capitale de la Russie, un homme mort près de Polotsk, qui a vécu cent soixante-huit années. Il avait vu

onze règnes, et se rappelait fort bien la mort
de Gustave-Adolphe ; il avait fait la guerre de
Trente-Ans, et comptait quatre-vingt-six ans
à la bataille de Pultawa. A la quatre-vingt-
treizième année de son âge, il contracta son
troisième mariage, qui ne resta point stérile :
il vécut avec sa troisième femme pendant
cinquante années en parfaite union. La famille
de ce patriarche était composée de cent trente-
huit descendans ; il a vu deux de ses petits-
fils vivans, dont l'un avait soixante-trois ans,
et l'autre quatre-vingt-quinze ; ses deux plus
jeunes fils avaient, l'un soixante-deux ans,
et l'autre quatre-vingt-six ; tous vivaient ensemble au village Polotzkia, dans une maison
bâtie pour cette famille patriarcale, par ordre
de l'impératrice Catherine II, qui lui avait
en outre fait don d'une grande pièce de terre.
Le chef de cette famille extraordinaire a joui
de la meilleure santé jusqu'à cent soixante-
trois ans.

En 1670, sous Charles II, il existait en
Angleterre Henri Jenkins, né en 1501, sous
Henri VII. Il se rappelait à merveille avoir
été de l'expédition de France sous Henri VIII,

et s'être trouvé, en 1513, à la journée des Eperons, où il conduisait un mulet chargé de flèches. On voit par les registres de la chancellerie, que cet homme comparut plusieurs fois en justice, pendant l'espace de cent quarante ans. Il mourut à cent soixante-neuf ans révolus, après avoir vécu sous huit rois, sans compter le gouvernement de Cromwell. Son dernier métier était celui de pêcheur. Agé de plus de cent ans, il traversait les rivières à la nage. Ce qui ferait croire que cette vigueur d'organes se transmet avec le sang, c'est que la petite-fille de Jenkins mourut à Cork, à l'âge de cent treize ans.

La famille de Jean Rovin a fourni un exemple de longévité encore plus remarquable que celle de Jenkins, puisque Rovin a vécu cent soixante-douze ans, et sa femme cent soixante-quatre; ils étaient mariés depuis cent quarante-deux ans, et le plus jeune de leurs enfans en avait cent quinze.

Un journal du 17 janvier 1826 (*le Corsaire*), rapporte qu'un nègre âgé de cent soixante-quinze ans venait d'être vendu à la Jamaïque pour la somme de 400 dollars, On ajoutait que cet homme venait de passer à son quatre-vingt-deuxième maître, qu'il était encore vigoureux et bien portant, et qu'il avait toujours refusé obstinément la liberté que plusieurs de ses maîtres avaient voulu lui accorder.

Comme on voit, ces familles des temps modernes se rapprochent absolument, pour la longue existence, des familles de la plus haute antiquité; car Abraham, ce patriarche du peuple d'Israël, n'a vécu que cent soixante-quinze ans; Sara, sa femme, n'a point été au-delà de cent vingt-sept ans; et leur fils Isaac, en atteignant cent quatre-vingts ans, a encore moins vécu que le grec Egimius, dont parlent Pline et Anacréon, qui lui assignent deux cents ans d'existence.

Job, ce vénérable patriarche que Dieu éprouva d'une si rude manière, vécut deux cent dix ans; Nachor, aïeul d'Abraham, deux cent trente; et il ne faut point remonter à des temps si anciens pour voir des longévités plus considérables, puisque dans un ouvrage publié à Ratisbonne en juillet 1823, par M. Neumark, sur les moyens d'atteindre à un âge

avancé, on cite le nommé Jean de Tempo-
ribus, écuyer de Charlemagne, mort en Allemagne en 1128, à l'âge de trois cent soixante
ans.

On lit dans l'*Histoire des Indes*, par
Maffée, que quand Acuna entra dans la ville
de Diou, on lui présenta un vieillard âgé de
trois cent trente-cinq ans, avec son fils qui en
avait quatre-vingt-dix. Il avait changé trois
fois de barbe, et était rajeuni autant de fois;
enfin il mourut âgé de quatre cents ans. Le
missionnaire Jacinte, parmi le récit des circonstances singulières de la vie de cet homme,
dit qu'il professa trois religions; il fut d'abord
cent ans païen, ensuite trois cents ans maho-
métan, et enfin des religieux le baptisèrent
sur la fin de ses jours.

Mais de tous les centenaires, il n'en est
pas qui offre, dans le cours de leur existence,
des particularités aussi remarquables que la
vie de Williams Douglas et sa femme. Ils
étaient nés le même jour dans le cours de la
même heure; la même sage-femme les avait
reçus; ils avaient été baptisés en même temps
dans la même église; ils ne s'étaient pas

quittés jusqu'au moment où la nature leur fit
sentir les premiers feux de l'amour : à l'âge de
dix-neuf ans, ils se marièrent du consentement
de leurs parens, dans l'église où ils avaient été
baptisés : jamais ils ne sentirent la moindre
indisposition avant le jour qui précéda leur
mort ; ils cessèrent leur existence à côté l'un
de l'autre, dans le même lit, et ils furent
réunis dans la même tombe, tout près des
fonts où, un siècle auparavant, ils avaient
reçu le baptême.

Si nous cherchons pourquoi les centenaires
sont des êtres remarquables aujourd'hui parmi
nous, et comment il se fait que nous n'attei-
gnions plus qu'en si petit nombre ces années
des patriarches, nous en trouverons une
raison bien simple. Quand les hommes s'é-
loignèrent de la nature en tombant dans des
excès de tout genre ; surtout quand, cherchant des aiguillons pour réveiller leur appétit
glouton, on vit succéder à la sobriété, à la
frugalité, l'intempérance et la sensualité dans
une abondance de mets épicés de mille manières : alors les humeurs corrompues bouil-
lonnèrent dans le corps humain, et ce fut

là l'origine de ces fréquentes maladies qui ont affaibli peu à peu en nous la puissance végé- tative de l'âme, dont s'est ensuivi débilitation et diminution de forces, précipitation de vieillesse, et accourcissement de vie.

CHAPITRE XII.

HISTOIRES CURIEUSES DE DIFFÉRENS SAUVAGES.

Monsieur le Loup, ou l'Homme des forêts de la Hesse.

DANS les contrées les plus civilisées, on rencontre de temps à autre des êtres qui, ayant été perdus ou abandonnés dans les forêts dès leur plus tendre enfance, y ont vécu absolument à la manière des sauvages, et n'ont aucune idée de la société. En 1544, on trouva dans les forêts de la Hesse un homme qui vivait avec des loups, et on lui en donna le nom. Il avait tellement pris l'habitude de marcher comme les animaux, qu'il fallut lui attacher des pièces de bois pour le forcer à se tenir debout et en équilibre sur ses deux pieds. On le mena à la cour du prince

Henri, et on réussit à lui apprendre l'alle-
mand : le premier usage qu'il fit de la parole,
fut de demander qu'on le laissât retourner
avec les loups.

En 1661, des chasseurs aperçurent dans
les forêts de la Lithuanie, au milieu d'une
bande d'ours, deux enfans : l'un d'eux s'enfuit avec les bêtes féroces qui le protégeaient ;
l'autre se défendit avec les ongles et les dents
contre les Polonais, mais il fut saisi à la fin,
et conduit à la cour de Varsovie. On le bap-
tisa ; mais on ne put jamais ni lui apprendre
à parler, ni remarquer en lui quelque étin-
celle de raison ; dès qu'il était libre, il se
dépouillait de ses habits, s'échappait pour
courir dans les bois, déchirait avec ses ongles
l'écorce des arbres, et en suçait la sève.

Un journal du 5 août 1825 (le *Constitutionnel*), raconte qu'on venait de trouver
dans les bois et montagnes d'Hartzwald, en
Bohême, un homme sauvage paraissant âgé
d'une trentaine d'années, n'articulant aucun
mot, mais beuglant, ou plutôt aboyant, car
sa voix ressemble à celle d'un chien. Il court
sur ses quatre membres, et, dès que dans

15*

les forêts il apercevait une créature humaine,
il grimpait au haut d'un arbre comme un
singe, et sautait de branche en branche avec
une incroyable agilité. Voyait-il un oiseau ou
du gibier, il le poursuivait, manquait rarement de l'attraper, et s'en nourrissait à la
manière des animaux carnassiers. On l'a
conduit à Prague, et on a vainement cherché
à le civiliser, dit l'auteur de l'article. Cependant nous verrons quelques-uns de ces êtres
qui se sont entièrement humanisés, et auxquels on est même parvenu à donner assez
d'instruction pour les rendre intéressans.

Le Jeune Aveugle et son Chien, ou l'Enfant du Couvent.

En 1807, M. M*** résidant à Vichi, petite
ville du Bourbonnais, trouva à la porte de sa
maison, vers huit heures du soir, un malheureux jeune homme aveugle, qui mourait de
faim. Il allait se coucher sur une pierre à
côté de son chien, qui déjà s'y était étendu;
M. M*** lui donna l'hospitalité. Cet infortuné

lui dit qu'il n'était aveugle que depuis peu de jours, par l'effet du tonnerre, qui était tombé près de lui ; il assura qu'il ne vivait que de racines, d'herbes et de chair crue, et qu'il avait presque toujours habité les bois : ces détails engagèrent son hôte à lui faire raconter son histoire ; la voici telle qu'elle est sortie de sa bouche, on n'a changé que les expressions de son mauvais langage :

« Quand je commençai à marcher et à parler, j'étais dans un bois où je têtais encore une chèvre qui ne me quittait point, et je ne voyais d'autre personne qu'une femme qui me caressait beaucoup, mais qui me laissait souvent seul. Elle m'apprit ensuite qu'elle était religieuse, qu'elle s'était échappée de son couvent pour me mettre au monde ; que n'ayant pu me nourrir, elle s'était procurée cette chèvre qui m'avait allaité. Ma mère me dit qu'elle ne s'éloignait de la forêt que pour aller chercher de la nourriture. Chaque soir je la voyais. Un soir elle ne revint pas, et il se passa du temps sans que je pusse la trouver. Enfin, un jour je courais avec la chèvre ; je retrouvai ma mère : elle était couchée, immobile, et avait le visage tout décomposé ; je l'appelai, elle ne répondit pas ; je pris sa main, sa main se sépara de son corps. .... Alors je vis que je n'avais plus de mère. J'étais encore bien petit, car je m'en souviens à peine. Je restai dans les bois, je mangeai des racines, de l'herbe et quelques fruits sauvages que je cueillais sur les buissons. Long-temps après, le hasard me fit trouver sur un chemin un homme qui avait une voiture ; il me vit, me questionna, et me prit avec lui. Parce que je mangeais de la chair et des herbes crues, parce que j'aime à dormir à l'air, il m'a montré à beaucoup de monde pour de l'argent. Tout ce monde m'a ennuyé, et je me suis un jour échappé avec mon chien ; j'avais marché long-temps, lorsque le tonnerre est tombé près de moi. Alors je n'ai plus vu la lumière, et m'étant attaché à mon chien avec une corde, mon chien m'a conduit. »

Cet infortuné pouvait avoir environ quinze ans ; sa voix n'était point exercée, et il parlait avec difficulté ; il paraissait peu intelligent et absolument incapable d'inventer ces

faits. Il se mit à pleurer quand on l'eut fait
mettre au lit, et assura ne pouvoir dormir
qu'en plein air. Il ne mangea rien de cuit,
seulement il but du vin. On l'engagea vainement à rester quelque temps pour reprendre
des forces ; ayant recouvré la vue, il voulut
partir, et, bon gré, mal gré, il s'échappa,
laissant son trésor, qui consistait en huit
sous. Aussitôt que M. M*** fut averti de son
évasion, il fit beaucoup de recherches pour
le découvrir ; mais elles furent toutes in-
fructueuses.

La petite Sauvage de Tournay.

Le 7 août 1821, on trouva dans un champ,
près de Tournay, une petite fille de sept à
huit ans, qui a la peau très-grise et la vue
louche. Elle ne parle point, mais elle entend
parfaitement ; elle est vorace et porte à sa
bouche tout ce qu'elle trouve sous sa main.
Elle se tient presque toujours nue : quand
on lui met des vêtemens, elle s'en dépouille
ou les déchire. Elle marche rarement debout,

va sur les mains et les genoux avec une facilité extraordinaire, fuit le feu aussitôt qu'on y touche. Son caractère est vif et emporté, mais elle cède facilement quand on lui parle avec fermeté. Elle se frappe la tête lorsqu'elle est contrariée, et fait alors entendre des sons qui ressemblent assez aux cris légers d'un perroquet. Divers journaux parlèrent de cet enfant, entre autres la feuille intitulée l'*Etoile*, du 23 septembre 1821, attendu qu'on n'avait pu découvrir à quelle ville, ni à quelle famille appartenait cette petite sauvage.

L'Inconnue des Pyrénées.

Dans le département de l'Ariège, qui fait partie de l'ancien Languedoc, se trouvent des montagnes qui sont une suite de la chaîne des Pyrénées. A quelques lieues du hameau de Suc, au pied du Mont-Calm, qui s'élève à plus de dix-sept cents toises, et porte sur son front des glaces éternelles, une vallée sombre et silencieuse présente un de ces sites imposans qui arrêtent et frappent le voyageur

Que vois-je ! plusieurs hommes à quelque distance
de moi, l'aspect d'un tigre furieux ne m'eut pas
inspiré plus d'épouvante.

sur le vaste amphithéâtre des Pyrénées. Elle
est resserrée par des montagnes nues et hor-
riblement déchirées, dont les bases sont hé-
rissées d'énormes décombres, qui semblent
en attendre de nouveaux, prêts à s'échapper
des sommités environnantes. Des nappes
d'eau, parties d'un lac supérieur, se préci-
pitent sur le dos de la montagne, et se jettent
en cataractes mugissantes au milieu de cet
épouvantable chaos. Une végétation rare,
qui dessine les sillonnemens de leur course
incertaine, est la seule à qui la nature ait
permis de s'établir dans ce lieu, qu'elle a
condamné à une éternelle stérilité.

D'intrépides chasseurs ayant poussé une
reconnaissance jusque dans cette enceinte
formidable, furent saisis d'étonnement en
voyant sur la montagne une femme entièrement nue. Elle était d'une taille élevée. Sa
peau noire, une longue chevelure, son unique
vêtement, flottait sur ses épaules; elle se
tenait debout sur un roc qui s'avance et paraît suspendu sur des précipices, dont elle
semblait fixer l'étonnante profondeur.

Les chasseurs courent vers elle : cette

femme, les ayant aperçus, prend la fuite et pousse un cri d'effroi. Emportée par la terreur, elle côtoie l'escarpement de la montagne, et bientôt elle échappe à la poursuite des chasseurs, qui n'osèrent pas hasarder les périls de cette route mobile et presque perpendiculaire. La nouvelle de cette découverte fut apportée au hameau de Suc. Le lendemain, un grand nombre de bergers devancèrent l'aurore sur la montagne ; ils s'embusquèrent derrière des rochers, attendirent, surprirent cette femme, et l'arrêtèrent. On s'empressa de lui présenter des habits : elle les repoussa et les déchira avec violence : ce ne fut qu'après lui avoir attaché les mains qu'on parvint à la vêtir. On la conduisit au hameau.

Cette femme se voyant couverte de vêtemens, et arrachée à cette retraite sombre où sa triste mélancolie semblait se complaire, fut saisie d'un délire maniaque : tandis qu'on l'entraîne, sa figure s'enflamme, ses yeux étincelans semblent sortir de leur orbite; ses mouvemens sont convulsifs, et elle ne rompt enfin le silence que pour lancer contre ceux

qui l'environnent des menaces proférées d'une
voix forte, et du son surnaturel de l'inspira-
tion et de l'enthousiasme.

Arrivée au presbytère de Suc, son effer-
vescence durait encore; le curé, prêtre esti-
mable, doux, persuasif, s'avança au devant
d'elle, en lui portant des paroles de paix et de
consolation : tout à coup, par une de ces
transitions brusques si communes dans les
aliénations mentales, à l'explosion de la fureur succède chez elle l'abattement et la
mélancolie. Sa contenance devient morne et
silencieuse; elle ne parle plus, ne semble
plus rien voir ni entendre; une seule pensée
qui absorbe toute son attention l'isole de
tout ce qui l'environne ; cette pensée doit
être bien triste! Des larmes involontaires et
des gémissemens échappés de son cœur tra-
hissent ses angoisses, elle arrête et fixe sur
elle-même et sur les assistans ses regards
long-temps incertains; ses jambes chancellent;
elle tombe à genoux, et, d'une voix entre-
coupée de sanglots, elle s'écrie : « Dieu ! que
dira mon malheureux époux ! » Ces mots furent suivis de prières secrètes et d'un long

recueillement ; des larmes qu'elle versa en
abondance parurent la soulager , elle devint
plus calme, mais elle resta indifférente à
tout. On lui offrit vainement des alimens ; on
multiplia inutilement les questions : on eût
dit qu'elle était frappée d'une insensibilité
absolue. Elle n'avait parlé que français ; son
accent était pur ; la manière dont elle s'était
exprimée pendant l'accès de sa fureur annonçait que son esprit était cultivé ; sa figure ,
quoique décharnée et livide, paraissait avoir
été belle , et portait encore l'empreinte de la
noblesse et de la dignité.

Il ne fut pas difficile au bon pasteur de s'a-
percevoir que cette femme étrangère n'appartenait point à la classe du peuple , et que la
mélancolie dans laquelle elle était plongée
n'avait pour cause que de grands malheurs.
Il conçut pour cette infortunée le plus vif intérêt, et lui prodigua les soins les plus affec-
tueux, qu'il eut le regret de voir rebuter.
L'ayant placée dans une chambre où elle devait passer la nuit , il prit les précautions qu'il
jugea nécessaires pour prévenir son évasion.

Ces précautions furent insuffisantes : le

lendemain elle avait disparu ; les vêtemens
dont elle était couverte furent trouvés, non
loin de là, épars en lambeaux.

Elle reparut quelques jours après sur la
cîme d'un pic qui jusqu'alors n'avait été réputé
accessible qu'aux aigles et aux chamois. On
multiplia les tentatives pour la reprendre. On
la voyait quelquefois arracher des plantes
sauvages, plonger dans le lac, ou descendre
dans le torrent pour y prendre du poisson :
mais le plus souvent on l'apercevait dans l'attitude de la réflexion et de la douleur, et,
semblable à une statue, immobile comme le
roc sur lequel elle était fixée.

Cependant l'hiver approche : la neige qui
occupe les sommets des montagnes, s'étend
progressivement, et repousse dans les ha-
meaux les troupeaux et les bergers ; les hauteurs sont abandonnées. Les habitans et le
curé déplorent le sort de la malheureuse in-
connue. « Ah ! sans doute, disent-ils, elle aura
été déchirée et dévorée par les animaux féroces ; ou si elle a échappé à leur dent meur-
trière, son corps glacé, après avoir succombé
aux horreurs de la faim ou sous les traits aigus

d'un froid excessif, est enseveli dans des mon-
ceaux de neige. »

Quel fut leur étonnement, lorsqu'au retour
de la belle saison, ils la revirent, toujours nue,
parcourant les hauteurs accoutumées. Ils re-
gardèrent cette espèce de résurrection comme
un prodige, dont ils ne purent expliquer le
mystère, et qu'ils s'empressèrent de publier
dans les communes voisines. M. Vergnies,
juge de paix de Vicdessos, en fut prévenu :
ce magistrat se rendit sur les lieux. Par ses
soins, cette infortunée est arrêtée de nouveau.
Il la fait vêtir : il tâche de gagner sa confiance;
il lui fait prendre quelques alimens crus et
non préparés, et essaie de lui dérober le secret de ses malheurs. Pendant long-temps elle
oppose aux questions qu'il lui adresse, d'une
manière douce mais pressante, un silence
obstiné; enfin, pourtant, lui ayant demandé
comment il était possible que les ours ne
l'eussent pas dévorée : « les ours! répondit-
elle, ils sont mes amis, ils me réchauffaient. »
On apprit alors qu'elle était l'épouse d'un
Français que les événemens révolutionnaires
rejettèrent en Espagne; qu'elle le suivit dans

son exil; que ces deux époux, déterminés à
revenir dans leur patrie, trouvèrent aux pieds
des Pyrénées, des brigands qui les assaillirent,
les dépouillèrent de tout, même de leurs vêtemens, et portèrent sur l'époux leurs mains
homicides. Il périt!... Sa malheureuse épouse
dut supporter l'horreur de cette scène san-
glante; sa raison succomba sous le poids de
sa douleur : elle franchit le port d'Auzat, erra
sur la crête sauvage des Pyrénées, et le cœur
déchiré et la tête perdue, elle aborda dans
cette enceinte formidable, dont l'aspect imposant arrêta sa course égarée. Accueillie dans
ces lieux par les images les plus tristes, elle y
fut retenue par la conformité qu'elle trouva
entre ce désordre et celui de son âme. C'est
là qu'elle résolut de se livrer sans réserve à
son inconsolable affliction, de souffrir et de
mourir seule, ignorée, au sein de la nature
et au milieu du deuil, dont elle déployait dans
ces lieux l'imposant appareil.

Parmi quelques détails que l'on obtint d'elle
dans ses momens lucides, voici ce qu'elle
raconta sur son existence au milieu des animaux féroces qui se trouvent dans ces mon-

tagnes : « Un jour que j'étais égarée bien loin
de ma retraite, la neige et les vents m'assaillirent avec tant de fureur, que ce supplice,
nouveau pour moi, me ravit momentanément le peu de raison qui me restait. Je cher-
chai un refuge dans les flancs d'un vaste ro-
cher, qui, dans le fond, se partageait en deux
cavités. Jugez quelle aurait été mon épouvante, si je n'avais été aliénée ! Près de moi
était un ours d'une grosseur énorme. Tout-
à-coup il se redresse, et retombe en poussant d'affreux hurlemens. Créature raisonna-
ble, je serais expirée de frayeur : aliénée, je
méconnus le danger, et n'éprouvai pas la plus
légère émotion. J'approchai de l'animal; il
était sur le dos, les jambes en l'air, et cherchait à mettre bas un oursin à moitié sorti de
ses entrailles, et dont il ne pouvait depuis
long-temps se débarrasser. Je ne balançai pas
un seul instant; l'instinct plus que la raison
me guida dans cette dangereuse opération.
J'écartai les membranes avec précaution; je
tirai l'oursin de même; enfin, après de violens
efforts, je parvins à délivrer la mère, qui
probablement aurait perdu la vie dans ce douloureux travail, que je répétai trois fois de

suite, car elle mit bas trois petits. J'étais
occupée à retirer le dernier, lorsque trois autres
ours entrèrent dans le bauge. C'en était fait
de moi si, à leur aspect, l'ours que je délivrais
n'eût fait entendre plusieurs hurlemens. Est-
ce le langage de ces animaux? je l'ignore; mais
ce que je puis assurer, c'est que les nouveaux
venus le comprirent parfaitement, et qu'au
lieu de se jeter sur moi, tous les trois s'en
approchèrent, et vinrent affectueusement me
lécher en tout sens; un, entr'autres, me
prouva par des caresses réitérées, qu'il était
le père des oursins. Quelles que fussent néanmoins les preuves de sa reconnaissance, elles
n'étaient rien en comparaison de celles de sa
compagne; je ne les décrirai pas, il faudrait
avoir passé tout un hiver dans cet antre, pour
s'en faire une idée. Oui, j'ai vu plus d'une fois
les larmes de la reconnaissance rouler sur le
museau de ce sauvage animal.

» Je me préparais cependant à sortir de ce
repaire, lorsque les vents déchaînés, et la
neige tombant par flocons, m'obligèrent d'y
rester jusqu'à la nuit. J'étais fatiguée, et la
douce chaleur de cet asile invitant au som-

16

meil, je m'endormis profondément au milieu des huit animaux. Il était déjà grand jour le lendemain quand je me réveillai. A mon délire avait succédé ma raison ; et les évènemens de la veille, tous présens à ma mémoire, me décidèrent brusquement à me retirer dans cet antre pendant la mauvaise saison.

» Quels qu'en fussent les sauvages habitans, ce dont j'avais été le témoin, me prouvait que je n'avais rien à craindre de leur part, j'en aurais douté, que les hurlemens qu'ils poussèrent en me voyant partir, m'en auraient convaincue.

» La neige avait recouvert les sentiers, et ce fut avec bien de la peine que je regagnai mon asile. Une forte provision de pommes de pin fut ce que j'en emportai.

» Si les ours avaient à mon départ poussé d'affreux hurlemens, les antres voisins retentirent des cris de leurs voix en me voyant de retour. L'un me léchait, l'autre se tenait debout devant moi, un troisième se roulait à mes pieds : c'était enfin à qui me prouverait à sa manière le plaisir qu'il avait de me revoir.

» L'hiver cependant s'écoulait sans que j'en

Si les Ours avaient à mon départ poussés d'affreux
hurlemens, les antres voisins retentirent des cris
de leur joie en me voyant de retour.

Gravier del. Sculp.

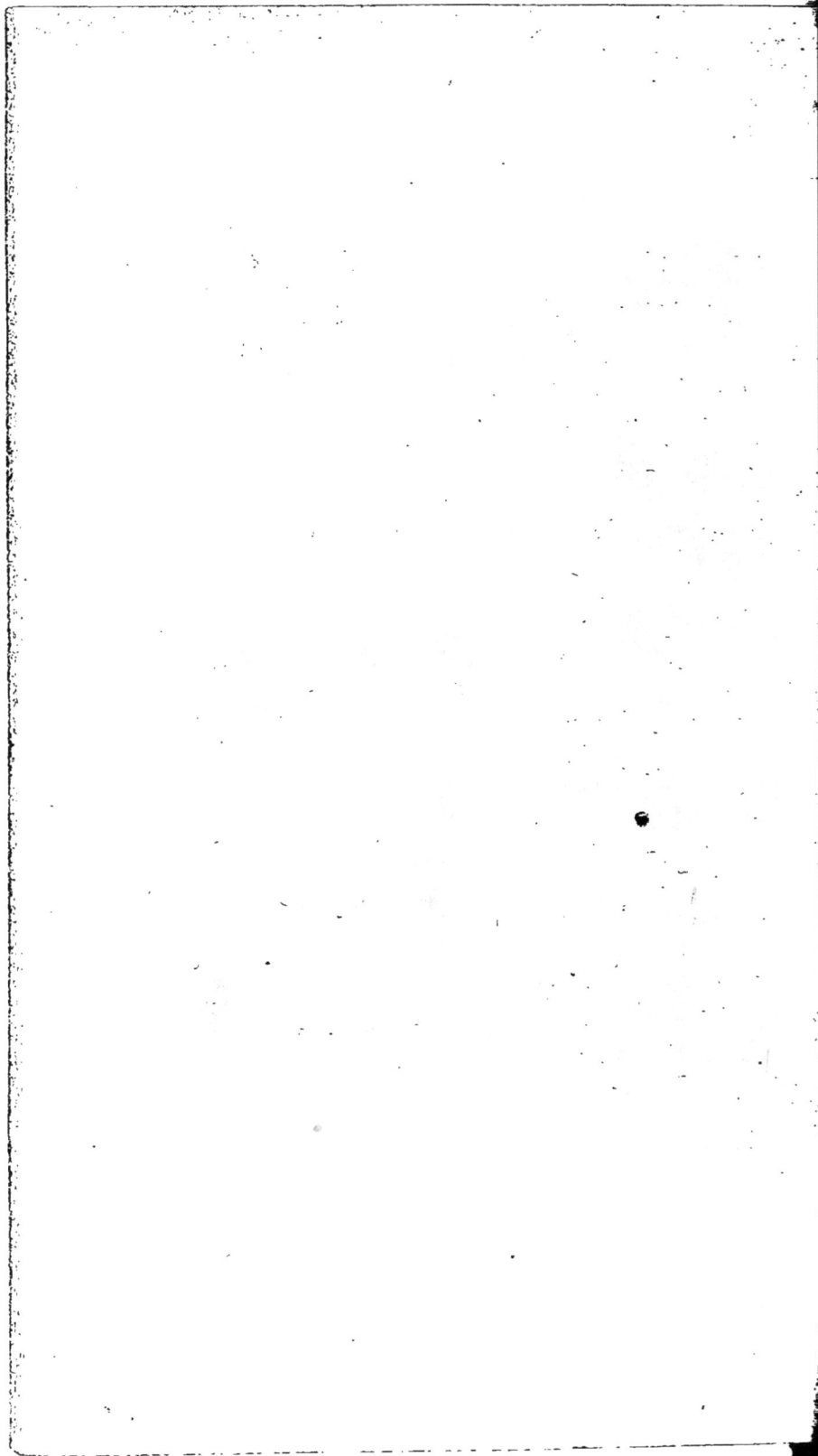

ressentisse les rigueurs. L'appartement le
mieux chauffé n'eût pas offert une plus douce
température que celle de ma nouvelle retraite ;
j'y sommeillais tranquillement, couchée la
plupart du temps en travers sur mes hôtes
engourdis, et continuellement plongés dans
un sommeil léthargique. Tout le temps que
me laissait l'aliénation, je le donnais à l'histoire de mes malheurs. Si je retombais en délire, moins sensible alors aux rigueurs du
froid, je sortais chercher du poisson et des
pommes de pin. Je rentrais ensuite au milieu
des ours, dont la chaude haleine me réchauf-
fait bien vite.

Lorsque les beaux jours eurent fondu la
neige des collines, les ours se dispersèrent
pour aller chercher leur proie, et moi je regagnai ma première retraite. Un de mes grands
plaisirs alors était de me prouver que l'imagination fait plus de la moitié des périls qui
nous font frémir. J'aimais à me reposer sur
l'extrémité d'un roc avancé et comme suspendu sur des précipices, dont je mesurais
hardiment la profondeur.

» Lorsque j'eus échappé à ceux qui m'ar-

rêtèrent la première fois, je regagnai bien
vite les lieux où je me plaisais. Mon premier
soin fut de me choisir une autre retraite, et
de ne plus me montrer dans les lieux où j'a-
vais été surprise; il était encore un pic dans
le voisinage que je n'avais jamais osé gravir,
tant il était roide et perpendiculaire. Jusqu'à ce jour, les aigles et les chamois étaient
les seuls êtres vivans qui y fussent parvenus.
Je me hasardai cependant à le gravir, et j'y
abordai sans beaucoup de peines. Le temps
avait ouvert sur l'extrémité de ce roc une
grotte assez profonde pour me donner asile,
je défiai les hommes de m'atteindre, et j'y
passai la belle saison sans danger et sans
crainte. Cependant je n'étais pas sans inquiétude, les froids commençaient à se faire sentir, et je craignais que mes anciens hôtes et
bons amis les ours n'habitassent plus le même
repaire.

» J'osai en faire le voyage. Ah! que je fus
agréablement surprise en retrouvant mes
compagnons de misère! excepté un seul, qui,
sans doute, avait péri pendant l'été. Tous
en m'apercevant, se levèrent et vinrent à ma

rencontre en poussant des cris de joie ; les
plus jeunes sautaient autour de moi et se
roulaient à mes pieds. Jamais ami ne fit
un plus tendre accueil à l'ami qu'il revoit
après une longue séparation. Enfin, je passai
ce second hiver aussi doucement que le premier. »

Arrachée, comme on a vu, à la vie sauvage,
cette infortunée ne survécut pas long-temps à
sa rentrée dans le monde; elle fut envoyée
à l'hospice de Foix, et elle termina dans cette
ville sa douloureuse existence, car les secousses
violentes qu'elle avait éprouvées rendirent
infructueux tous les soins qu'on prit pour dissi-
per les noires vapeurs de mélancolie qui obs-
curcissaient sa raison. M. Bascle de Lagrèze,
sous-préfet de l'arrondissement de l'Ariège où
cette femme a été trouvée, a, dit-on, entre
ses mains les procès-verbaux qui constatent
les faits que nous venons de rapporter. Mais
il paraît que ni lui ni aucune autre personne
n'ont pu parvenir à savoir précisément à quelle
famille appartenait cette étonnante victime de
l'amour conjugal, qu'elle s'est obstinée à gar-
der le silence à cet égard, et que sa tombe

renferme encore le secret de son nom et de
celui de son époux.

———◆———

Jeunes Filles sauvages trouvées dans les Vosges et les Abruzzes.

Les *Tablettes universelles*, du 1er octobre 1825, rapportent qu'il venait d'être conduit au principal hospice de Pescara, ville du
royaume de Naples, une jeune fille de dix-
huit ans, trouvée dans les bois des Abruzzes.
Elle était toute nue, parlait un jargon inintel-
ligible, et avait toutes les habitudes des sauvages. Sa course était si rapide qu'on eut
toutes les peines à s'emparer d'elle; il fallut
agir de ruse. Des paysans portèrent du lait
dans les endroits qu'elle fréquentait, tendirent
des filets, et s'en saisirent au moment où elle
venait pour boire le lait qu'elle paraissait
beaucoup aimer. Quelques jours après son
arrivée, elle fut reconnue par sa mère, à qui
des mendians l'avaient enlevée au sortir du
berceau.

Au mois de janvier 1826, on trouva une autre fille sauvage dans les bois du département des Vosges. Elle paraissait avoir environ quinze ans, et sa physionomie était gracieuse. On ne put obtenir d'elle aucun renseignement sur son compte, car elle ne prononçait que des mots informes et sans suite. Une dame de la ville de Neufchâteau s'empressa de la recueillir charitablement, et même l'adopta comme son enfant, ne voulant négliger aucun moyen de rendre cette jeune infortunée à la civilisation.

Mademoiselle Leblanc, ou *la Fille des Bois.*

Les Mémoires de l'Académie font mention d'une jeune fille sauvage que l'on trouva en France au milieu des bois, en l'année 1732. Voici comment cette histoire est rapportée : Les domestiques du château de Sogny, en Champagne, aperçurent pendant la nuit une espèce de fantôme monté sur un grand pommier du jardin ; ils s'approchèrent doucement, et voulurent environner l'arbre; mais tout à coup le fantôme fit un saut léger par-dessus leur tête; il s'élança de même par-dessus les murs du jardin, puis il se sauva dans les bois, où on le vit grimper lestement au haut d'un chêne très-élevé.

Bientôt instruit de cette apparition extraordinaire, le comte de Sogny donna ordre à tous ses gens, ainsi qu'à plusieurs villageois, de se préparer à la chasse du spectre. S'étant rassemblés en bon nombre et de grand matin, ils environnèrent non-seulement l'arbre, mais plusieurs autres encore, car le fantôme s'élançait de l'un à l'autre, ainsi qu'un écureuil. A la première inspection du prétendu spectre, le comte de Sogny se douta que c'était quelque être sauvage, et tout le monde était curieux de s'en saisir; le grand point était de le faire descendre; comme il importait de le prendre vivant, il n'était ni facile ni prudent de l'attaquer de vive force dans son poste.

Pensant que l'aspect d'un bon repas le déciderait peut-être à se rendre, la dame du château imagina de faire apporter de la viande et un seau d'eau au pied de l'arbre; de plus

il se trouva une superbe anguille dans l'eau;
notre sauvage l'aperçut; et, comme il en fut
singulièrement tenté, il descendit et remonta,
à diverses fois, jusqu'aux trois quarts du chêne,
afin de saisir le morceau friand. Il faut dire
que, durant cet exercice, personne ne paraissait; les chasseurs étaient cachés dans le
bois, et ils ne perdaient point de vue le nouveau gibier.

Enfin, ne voyant plus personne paraître,
l'inconnu, pressé sans doute par le besoin,
descendit comme un chat jusqu'à terre; il
prit avidement le poisson, puis, s'inclinant,
il se mit à boire à même le seau. Profitant de
ce moment propice, six vigoureux paysans,
qui l'épiaient derrière des feuillages placés
exprès à peu de distance, coururent et saisirent promptement cet être singulier, que
l'on reconnut pour une jeune fille de quinze
à dix-huit ans; elle avait les ongles des pieds
et des mains très-longs, aigus et très-forts;
c'est ce qui lui facilitait les moyens de monter
aux arbres et d'en descendre avec tant de
célérité; elle avait une superbe chevelure, et
sa peau paraissait noire; mais c'était l'effet

17

du grand hâle, car son changement de demeure lui rendit bientôt sa blancheur naturelle. On la transporta au château de Sogny;
conduite d'abord à la cuisine, elle se jeta
aussitôt sur des volailles que l'on préparait
pour dîner, et elle les dévora toutes crues.
Ne connaissant aucune langue, elle n'articulait aucun son, elle poussait seulement un
cri de la gorge, et ce cri était effrayant. Cette
jeune sauvage était absolument nue; on essaya vainement de lui mettre quelques vêtemens de son sexe, elle les déchira en mille
morceaux. On voulut la faire coucher dans
un lit, mais avec aussi peu de succès : regar-
dant à travers les fenêtres, elle n'aspirait
qu'au moment de s'enfuir dans la forêt voi-
sine, et de s'y jucher sur quelque arbre, selon
sa coutume.

Le seigneur de Sogny la fit conduire à
Châlons-sur-Marne, dans un couvent de réli-
gieuses, où elle fut baptisée sous le nom de
Joséphine Leblanc. On lui donna de l'instruction : elle ne manquait point de sens ni
d'esprit; en moins de trois ans elle apprit à
parler, et elle exprimait ses pensées d'une

manière aussi piquante qu'originale et claire.
Mais elle ne put donner aucun renseignement
sur son origine, sur ses parens et le lieu de
sa naissance; elle se souvenait seulement
d'avoir traversé une immense étendue d'eau,
étant toute petite; du reste, elle montrait un
arbre pour sa patrie et son berceau. Elle
avait cependant conservé le souvenir d'une
jeune compagne également sauvage, avec
laquelle elle avait vécu dans les bois dans son
enfance, et qu'elle perdit d'une manière singulière après une aventure bien cruelle. Toutes
deux nageant un jour dans une rivière, elles
entendirent un bruit qui les obligea de plonger; c'était un chasseur, qui, les ayant prises
de loin pour deux poules d'eau, avait tiré sur
elles deux coups de fusil sans les atteindre.
Etant sorties de la rivière pour se retirer dans
un bois, elles trouvèrent un chapelet de verre
dont elles se disputèrent la propriété. Mademoiselle Leblanc ayant reçu un coup sur le
bras, en rendit un sur la tête à sa compagne;
il fut malheureusement si fort, que, selon
son expression, *elle la fit rouge*, et l'étendit
à terre. Saisie de douleur à ce spectacle in-
attendu, elle va chercher sur un chêne une

17*

certaine gomme qu'elle connaissait, et qui
était propre à arrêter le sang qui coulait à
gros bouillons. Ayant trouvé le remède, elle
retourne à l'endroit où elle avait laissé sa
compagne; mais elle n'y était plus; elle ne
l'a jamais revue depuis ce fatal instant.

Dans son état de sauvage, elle usait de
moyens industrieux pour pourvoir à sa sub-
sistance; par exemple, elle imitait fort bien
le cri de divers animaux et des oiseaux, c'était
ainsi qu'elle savait les attirer pour les tuer et
s'en nourrir. Courant avec une vitesse surprenante, au point même que l'œil ne pouvait
voir le mouvement de ses jambes, elle attrapait sans peine un lièvre : elle le dépouillait
et le dévorait en un clin-d'œil. D'une adresse
et d'une force peu communes, cette jeune
fille chassait souvent un loup, et, l'atteignant
à la course, elle lui assénait sur la tête un
coup d'une espèce de massue qu'elle portait
toujours, et le tuait sans jamais le manquer.
Cette même agilité qu'elle avait sur la terre
l'accompagnait également sous les eaux, qui
semblaient être son élément. Elle y plongeait
comme une carpe, et attrapait de gros poissons qu'elle préférait aux meilleures viandes.

Cette fille extraordinaire conserva toujours dans le monde une partie des goûts qu'elle avait contractés dans l'état de nature. Elle était sans cesse obsédée par de violentes tentations de retourner dans les bois, et d'y vivre seule comme autrefois ; elle avait une soif continuelle du sang des animaux ; elle m'a même avoué, dit Racine dans son rapport à l'Académie, que, quand elle voyait un enfant, elle était tourmentée de cette envie. Lorsqu'elle me parlait ainsi, ajoute cet illustre écrivain, ma fille, jeune encore, était avec moi ; mademoiselle Leblanc ayant remarqué sur le visage de l'enfant quelque émotion à l'aveu d'une pareille tentation, elle lui dit aussitôt en riant : «Ne craignez rien, mademoiselle, Dieu me fera la grâce sans doute de ne jamais succomber. »

Plusieurs personnes de marque, des princes, et la reine de Pologne, eurent la curiosité d'aller voir cette jeune sauvage ; lorsqu'elle fut instruite dans notre langue ; tous revinrent charmés de sa conversation, de sa vivacité et de son esprit. Du couvent de Châlons elle fut transportée ensuite dans d'autres, où le duc

d'Orléans paya sa pension. Mais la vie séden-
taire remplit d'une sombre mélancolie cette
infortunée, habituée à respirer l'air dans une
entière liberté au sein de la nature. Elle mourut d'une fièvre ardente, à l'âge d'environ
trente-deux ans.

François de la Véga, ou l'Habitant des ondes.

L'auteur de *l'Espagne littéraire*, raconte
une anecdote bien extraordinaire, d'après le
Théâtre critique du célèbre père Feijoo; il
en atteste la vérité, et, ajoute-t-on, les
preuves sur lesquelles il s'appuie, lèvent jusqu'au soupçon du doute. Voici comment elle
est rapportée dans le tome troisième de la
Bibliothèque de Société.

« En 1674, au mois de juin, quelques jeunes
gens de Bilbao étant à se promener au bord de
la mer, un d'entr'eux, nommé François de la
Véga, âgé alors d'environ quinze ans, s'enfonça
volontairement dans les flots, et ne reparut
plus ; ses camarades, après l'avoir attendu fort

long-temps, se persuadèrent qu'il était noyé.
Ils rendirent cet accident public, et on le fit
savoir à la mère de François de la Véga, qui
demeurait à Lierganès, bourg de l'archevêché de Burgos. Elle n'eut pas lieu d'en douter,
puisque son fils ne reparut ni chez elle, ni
dans la ville qu'il habitait avant son malheur.

Cinq ans après, quelques pêcheurs des environs de Cadix aperçurent en plein jour une
figure d'homme, qui tantôt nageait sur la surface des eaux, tantôt s'y enfonçait volontairement. Ils virent la même chose le lendemain,
et parlèrent à différentes personnes de cette
singularité. On tendit des filets, et on réussit
à prendre ce nageur qui était un homme bien
conformé. On le questionna en plusieurs langues, sans qu'il répondît à aucune. On le
conduisit au couvent de Saint-François.
Quelques jours après il prononça le nom de
Lierganès. Le secrétaire de l'inquisition était
de ce bourg même. Il écrivit à ses parens pour
tâcher de tirer d'eux quelques éclaircissemens
relatifs à cet homme singulier. On lui répondit qu'un jeune homme de Lierganès avait
effectivement disparu sur la côte de Bilbao,

sans qu'on eût entendu parler de lui depuis ce temps-là. Il fut décidé que l'homme marin serait envoyé à Lierganès, et un Religieux franciscain, que d'autres affaires y conduisaient, se chargea de l'accompagner.

Lorsqu'ils furent l'un et l'autre à un quart de lieue du village, le sauvage alla droit chez sa mère, qui le reconnut à l'instant même, et s'écria en l'embrassant : Voilà mon fils que j'ai perdu à Bilbao ! Deux de ses frères qui étaient là, le reconnurent également, et l'embrassèrent avec la même tendresse. Quant à lui, il ne témoigna ni surprise, ni sensibilité. Il ne parla pas plus à Lierganès qu'il n'avait fait à Cadix, et l'on ne put tirer de lui aucun éclaircissement sur son aventure. Il avait entièrement oublié sa langue naturelle, excepté ces mots : *pain, vin, tabac,* qu'il ne prononçait pas même à propos. Lui demandait-on s'il voulait l'une ou l'autre de ces choses, il était hors d'état de répondre. Il mangeait avec excès du pain durant quelques jours, et en passait ensuite un pareil nombre sans prendre aucune sorte de nourriture. Il ne s'habillait que lorsqu'on l'en faisait souvenir, et il ne lui coûtait pas d'aller sans aucuns vêtemens ; il marchait toujours nu-pieds, et n'avait presque point d'ongles ni aux pieds ni aux mains.

Au bout de neuf ans il disparut de nouveau, sans qu'on ait su ni comment ni pourquoi. Il est à croire que les mêmes raisons qui avaient causé sa première disparition, influèrent sur la seconde. On ne l'a point revu depuis. Ce jeune homme avait environ six pieds de haut. On assure que lorsqu'on le retira de la mer de Cadix, il avait le corps tout couvert d'écailles ; mais elles tombèrent par la suite.

Le Poisson Colas , ou le Plongeur Sicilien.

Kircher, dans son *Monde Souterrain*, rapporte l'histoire d'un Sicilien, nommé Colas, si renommé parmi les plongeurs, qu'on lui avait donné le surnom de Poisson Colas. Dès sa jeunesse il s'était tellement accoutumé à vivre dans l'eau, que son tempérament en était tout changé, et qu'il vivait plutôt à la manière des poissons qu'à la manière des hommes. Le roi de Sicile lui jeta une coupe d'or dans le gouffre appelé Charybde, la lui proposant pour récompense s'il la rapportait. Il s'y jeta, et rattrapa la coupe. Il raconta qu'en cet endroit une source jaillissait d'un abîme dont on ne pouvait calculer la profondeur. Le roi, curieux d'avoir de plus grands détails, l'engagea à plonger de nouveau, et voyant qu'il hésitait, il l'excita à cette entreprise par l'appât d'une bourse pleine d'or, qu'il jeta dans le gouffre. Le plongeur se précipita une seconde fois; mais il ne reparut plus, soit qu'il eût été englouti au fond de l'abîme, par le tournoiement perpétuel de l'eau, soit qu'il eut été dévoré par quelque monstre marin.

Victor, ou *le Sauvage de l'Aveyron.*

Un enfant de onze ou douze ans, que l'on avait entrevu quelques années auparavant dans les bois de la Caune, entièrement nu, cherchant des glands et des racines dont il faisait sa nourriture, fut, dans les

mêmes lieux, et vers le milieu de l'année 1799, rencontré par trois chasseurs qui
s'en saisirent au moment où il grimpait sur
un arbre pour se soustraire à leurs poursuites.
Conduit dans un hameau du voisinage, et
confié à la garde d'une veuve, il s'évada au
bout d'une semaine, et gagna les montagnes,
où il erra pendant les froids les plus rigou-
reux de l'hiver, revêtu plutôt que couvert
d'une chemise en lambeaux, se retirant pendant la nuit dans des lieux solitaires, se rap-
prochant, le jour, des villages voisins, menant
ainsi une vie vagabonde, jusqu'au jour où il
entra de son propre mouvement dans une
maison habitée du canton de Saint-Sernin. Il
y fut repris, surveillé et soigné pendant deux
ou trois jours ; transféré de là à l'hospice de
Saint-Afrique, puis à Rhodez, où il fut gardé
plusieurs mois, et enfin amené à Paris à l'ins-
titution des Sourds-Muets, où il fut confié
aux soins de M. Itard, médecin de cet établissement.

Il est probable que cet enfant aura été
abandonné fort jeune dans les bois de la
Caune, et d'après une cicatrice assez étendue

qu'on lui remarque à la partie supérieure et antérieure du col, il est à présumer qu'une main, plus disposée que façonnée au crime, aura voulu attenter à ses jours, et que, laissé pour mort dans les bois, il aura dû aux seuls secours de la nature la prompte guérison de sa plaie, que tout annonce avoir été faite par un instrument tranchant.

Toutes ses habitudes portaient l'empreinte d'une vie errante et solitaire. Dans les premiers jours qui suivirent son entrée dans la société, il ne se nourrissait que de glands, de pommes de terre et de châtaignes crues, ce qui annonçait qu'il n'avait vécu que de productions végétales. Il paraît que dans certaines circonstances il aura fait sa proie de quelques petits animaux privés de vie. On lui présenta un jour un serin mort, et dans un instant l'oiseau fut dépouillé de ses plumes, grosses et petites, ouvert avec l'ongle, flairé et rejeté. Ce n'est pas qu'il se montrât délicat dans son manger, car il rendait ses alimens extrêmement dégoûtans; il les traînait dans tous les coins et les pétrissait avec ses mains pleines d'ordures. Il manifesta d'abord beaucoup de

répugnance à coucher dans un lit, et lorsqu'il
s'y trouvait, il ne se donnait même pas la
peine de se lever pour aller ailleurs satisfaire
à ses besoins. A l'exception des momens où la
faim l'amenait à la cuisine, on le trouvait
presque toujours accroupi dans l'un des coins
du jardin, ou caché dans les bâtimens derrière quelques débris de maçonnerie. Lorsqu'on le faisait rester dans sa chambre, on le
voyait se balançant avec une monotonie fati-
gante, diriger constamment ses yeux vers la
croisée, et les promener tristement dans le
vague de l'air extérieur. Si alors un vent ora-
geux venait à souffler, si le soleil caché derrière les nuages, se montrait tout-à-coup
éclairant plus vivement l'atmosphère, c'était
de bruyans éclats de rire, une joie presque
convulsive; ses mouvemens ressemblaient à
une sorte d'élan qu'il aurait voulu prendre
pour franchir la croisée et se précipiter dans
le jardin.

Lorsque pendant la nuit, et par un beau
clair de lune, les rayons de cet astre venaient
à pénétrer dans sa chambre, il manquait rarement de s'éveiller et de se placer devant la

fenêtre. Il restait là, selon le rapport de sa gouvernante, pendant une partie de la nuit, debout ; immobile, le cou tendu, les yeux fixés vers les campagnes éclairées par la lune, et livré à une sorte d'extase contemplative.

Un matin qu'il tombait abondamment de la neige, et qu'il était encore couché, il pousse un cri de joie en s'éveillant, quitte le lit, court à la fenêtre, puis à la porte, va, vient avec impatience de l'une à l'autre, s'échappe à moitié habillé, et gagne le jardin. Là, faisant éclater sa joie par les cris les plus perçans, il court, se roule dans la neige, et, la ramassant par poignées, s'en repaît avec une incroyable avidité.

M. Itard le mena passer quelques jours à Montmorency. C'était un spectacle des plus curieux et des plus touchans, de voir le long de la route la joie qui se peignait dans ses yeux, dans tous les mouvemens de son corps, à la vue des côteaux et des bois de cette riante vallée : il semblait que les portières de la voiture ne pussent suffire à l'avidité de ses regards. Il se penchait tantôt vers l'une, tantôt vers l'autre, et témoignait la plus vive inquiétude quand les chevaux allaient plus lentement ou venaient à s'arrêter. Telle fut l'influence de ces bois, de ces collines, de la magnificence du site champêtre de cette vallée, dont il ne pouvait rassasier sa vue, que, pendant le temps qu'il y resta, il parut plus que jamais impatient et sauvage, et qu'au milieu des prévenances les plus assidues, des soins les plus attachans qu'on lui prodiguait, il ne paraissait occupé que du désir de prendre la fuite. Entièrement captivé par cette idée dominante, qui absorbait toutes les facultés de son esprit et le sentiment même de ses besoins, il trouvait à peine le temps de manger, et, se levant de table à chaque minute, il courait à la fenêtre pour s'évader dans le parc, si elle était ouverte; ou, dans le cas contraire, pour contempler, du moins à travers les carreaux, tous ces objets vers lesquels l'entraînaient irrésistiblement des habitudes encore récentes, et peut-être même le souvenir d'une vie indépendante, heureuse et regrettée.

Les jouets de toute espèce qu'on lui présenta pour le récréer, loin de captiver son attention, finissaient toujours par lui donner de l'impatience, tellement qu'il en vint au point de les cacher, ou de les détruire quand l'occasion s'en présentait. C'est ainsi qu'après avoir long-temps renfermé dans une chaise percée un jeu de quilles, qui lui avait attiré de notre part quelques importunités, il prit, un jour qu'il était seul dans sa chambre ; le parti de les entasser dans le foyer, devant lequel on le trouva se chauffant avec gaîté à la flamme de ce feu de joie. Un rayon de soleil, reçu sur un miroir, réfléchi dans sa chambre et promené sur le plafond ; un verre d'eau que l'on faisait tomber goutte à goutte et d'une certaine hauteur, sur le bout de ses doigts, pendant qu'il était dans le bain ; alors aussi un peu de lait contenu dans une écuelle de bois que l'on plaçait à l'extrémité de sa baignoire, et que les oscillations de l'eau faisaient dériver peu à peu, au milieu des cris de joie, jusqu'à la portée de ses mains : voilà à peu près tout ce qu'il fallait pour récréer et réjouir, souvent jusqu'à l'ivresse, cet enfant de la nature. Le mot *lait* est le premier son articulé qui sortit de sa bouche. L'intonation de la voyelle *o* étant celle que l'on remarqua frapper le mieux son oreille, fut ce qui détermina M. Itard à lui donner un nom qui se terminât par cette voyelle ; et il fit choix de celui de *Victor*.

On ne vit pas sans quelque surprise qu'il se montrait insensible aux bruits les plus forts et aux explosions des armes à feu. M. Itard tira près de lui, un jour, deux coups de pistolet ; le premier parut un peu l'émouvoir, le second ne lui fit pas seulement tourner la tête. Tandis que si l'on épluchait à son insu, et le plus doucement possible, un marron, une noix ; quand on touchait seulement à la clef de la porte qui le tenait captif, il ne manquait jamais de se retourner brusquement et d'accourir vers l'endroit d'où partait le bruit. Dans le commencement, on remarqua que 'organe de l'odorat n'avait aucune susceptibilité chez lui ; en lui remplissant de tabac les cavités extérieures du nez, on ne parvint même pas à le faire éternuer. A la frayeur dont il fut saisi la première fois qu'il éternua, on put juger que c'était pour lui une chose nouvelle ; il fut, de suite, se jeter sur son lit.

Les friandises les plus convoitées par les

18

enfans ne le tentèrent point, et il témoigna
la plus forte aversion pour toutes les sub-
stances sucrées et pour nos mets les plus délicats ; il en fut de même pour les liqueurs
fortes. Les légumes lui plaisaient par-dessus
tout, et la première fois qu'on le mena dîner
en ville, il donna une preuve assez originale
de sa friandise ; il ne tint pas à lui qu'il n'emportât le soir, en quittant la maison, un plat
de lentilles qu'il avait dérobé à la cuisine.

Madame Guérin, à qui l'administration a
confié la garde spéciale de cet enfant, s'est
acquittée de cette tâche pénible avec toute la
patience d'une mère et l'intelligence d'une
institutrice éclairée. Mais tous ses soins réunis
à ceux de M. le docteur Itard, n'ont pu produire le résultat désiré, sous le rapport d'une
éducation qu'il eût été si curieux de pouvoir
donner à ce jeune sauvage, afin d'obtenir de
lui des notions sur son existence morale dans
son primitif état de nature. Les exercices
tentés à cet égard par le docteur finirent par
fatiguer l'attention et la docilité du jeune
sauvage. Alors reparurent, dans toute leur
intensité, ces mouvemens d'impatience et

de fureur qui éclataient si violemment au commencement de son séjour à Paris, lorsque, surtout, il se trouvait enfermé dans sa chambre. « N'importe, dit M. Itard, il me sembla que le moment était venu où il ne fallait plus apaiser ces mouvemens par condescendance, mais les vaincre par énergie. Je crus donc devoir insister. Ainsi, quand, dégoûté d'un travail (dont, à la vérité, il ne concevait pas le but, et dont il était bien naturel qu'il se lassât), il lui arrivait de se dépiter et de gagner son lit en fureur, je laissais passer une ou deux minutes; je revenais à la charge avec le plus de sang-froid possible. Mon obstination ne réussit que quelques jours, et fut, à la fin, vaincue par ce caractère indépendant. Ses mouvemens de colère devinrent plus fréquens, plus violens, et ressemblaient à des accès de rage. Il s'en allait alors mordant ses draps, les couvertures de son lit, la tablette même de la cheminée, dispersant dans sa chambre les chenets, les cendres et les tisons enflammés, et finissant par tomber dans des convulsions qui avaient de commun avec celles de l'épilepsie, une suspension complète des fonctions sensoriales. Force me fut de céder quand les choses en furent à ce point effrayant ; et néanmoins ma condescendance ne fit qu'accroître le mal : les accès en devinrent plus fréquens, et susceptibles de se renouveler à la moindre contrariété, souvent même sans cause déterminante.

Mon embarras devint extrême. Je voyais le moment où tous mes soins n'auraient réussi qu'à faire, de ce pauvre enfant, un malheureux épileptique. Encore quelques accès, et la force de l'habitude établissait une maladie des plus affreuses et des moins curables. Il fallait donc y remédier au plutôt, non par les médicamens, si souvent infructueux; non par la douceur, dont on n'avait plus rien à espérer, mais par un procédé perturbateur, à peu près pareil à celui qu'avait employé Boerhave dans l'hôpital de Harlem. Je me persuadai bien que si le premier moyen dont j'allais faire usage manquait son effet, le mal ne ferait que s'exaspérer, et que tout traitement de la même nature deviendrait inutile. Dans cette ferme conviction, je fis choix de celui que je crus être le plus effrayant pour un être qui ne connaissait encore, dans sa nouvelle existence, aucune espèce de danger.

Quelque temps auparavant, madame Guérin étant avec lui à l'Observatoire, l'avait conduit sur la plate-forme qui est, comme l'on sait, très-élevée. A peine est-il parvenu à quelque distance du parapet, que, saisi d'effroi et d'un tremblement universel, il revient à sa gouvernante, le visage couvert de sueur, l'entraîne par le bras vers la porte, et ne trouva un peu de calme que lorsqu'il est au pied de l'escalier. Quelle pouvait être la cause d'un pareil effroi? C'est ce que je ne rechercherai point; il me suffisait d'en connaître l'effet, pour le faire servir à mes desseins. L'occasion se présenta bientôt. Dans un accès des plus violens provoqué par la reprise de nos exercices, saisissant le moment où les fonctions des sens n'étaient point encore suspendues, j'ouvre avec violence la croisée de sa chambre, située au quatrième étage, et donnant perpendiculairement sur de gros quartiers de pierre; je m'approche de lui avec toutes les apparences de la fureur, et, le saisissant fortement par les hanches, je l'expose sur la fenêtre, la tête directement tournée vers le fond de ce précipice. Je l'en retirai quelques secondes après, pâle, couvert d'une sucur froide, les yeux un peu larmoyans, et agité encore de quelques légers tressaillemens, que je crus appartenir aux effets de la peur. Je le ramenai à ses exercices; tous furent exécutés, à la vérité très-lentement, et plutôt mal que bien; mais au moins sans impatience. Ensuite il alla se jeter sur son lit, où il pleura abondamment. C'était la première fois, à ma connaissance du moins, qu'il versait des larmes.

Depuis ce moment, et au moyen de tous les bons traitemens dont on environna sa nouvelle existence, le jeune sauvage finit par y prendre goût. Il devint propre au point qu'il lui arrivait souvent de rejeter avec humeur tout le contenu de son assiette, dès qu'il y tombait quelque substance étrangère; et, lorsqu'il avait cassé ses noix sous ses pieds, il les nettoyait avec tous les détails d'une propreté minutieuse. Son goût pour l'arrangement devint aussi tellement prononcé, qu'il se levait quelquefois de son lit pour remettre dans sa place accoutumée un meuble ou un ustensile quelconque qui se trouvait accidentellement dérangé. Enfin, cet enfant de la nature est un être tout différent de ce qu'il était en sortant des bois. Il a pris pour sa gouvernante un attachement très-vif; ce n'est jamais sans peine qu'il s'en sépare, ni sans des preuves de contentement qu'il la rejoint. Une fois qu'il lui avait échappé dans les rues, il versa, en la revoyant, une grande abondance de larmes. Mais ce pauvre malheureux n'a pu jouir de l'usage de la parole; il paraît évident que la blessure qu'il a reçue dans son enfance l'a privé pour jamais de cet organe.

L'Homme marin des côtes du Groenland.

Vers la fin du dix-septième siècle, un vaisseau anglais étant à la pêche de la baleine, sur les côtes du Groenland, l'équipage aperçut une grande quantité de petites barques, dans chacune desquelles il y avait un homme. Les chaloupes du vaisseau firent force de rames pour en joindre quelques-unes; mais ceux qui montaient ces barquettes plongèrent tous ensemble dans la mer, avec ces mêmes barquettes, et de tout le jour on n'en vit repa-

raître qu'une seule en pleine mer. Celle ci
revint sur l'eau par un pur accident; une de
ses rames s'était rompue en plongeant, et le
plongeur cherchait le moyen de la raccom-
moder. On courut donc à sa poursuite; mais
ce ne fut qu'après trois ou quatre heures de
chasse, et cent plongeons nouveaux, qu'on
pût l'atteindre et qu'elle fut prise.

Les pêcheurs anglais ayant mis à bord de
leur vaisseau le plongeur sauvage, il n'y vécut
que vingt jours, parce qu'on ne put jamais le
résoudre à manger. Pendant cet intervalle de
temps, il ne jeta aucun cri, il ne proféra aucun son qui pût faire juger qu'il eût l'usage
de la parole. On remarqua seulement qu'il
soupirait sans cesse, et que des larmes cou-
laient de ses yeux. Sa barbe et ses cheveux
avaient beaucoup de longueur; il était fait
comme les autres hommes; mais, de la ceinture jusqu'aux talons, il était couvert d'é-
cailles. Sa nacelle avait neuf pieds de longueur; elle était composée d'os de poissons
artistement entrelacés et recouverts en dedans et en dehors de peaux de chiens marins.
Au centre était une ouverture qui servait à

introduire l'homme marin jusqu'à mi-corps;
il s'y serrait si étroitement avec de longs et
forts cordons, que l'eau ne pouvait y entrer.

Devant cet'homme sauvage, on voyait deux
morceaux également de peaux de chien marin, et ces peaux formaient deux sacoches;
dans l'une on trouva des lignes armées d'ha-
meçons en os de poisson; et la seconde poche,
qui était fort large, contenait plusieurs poissons nouvellement pris. A côté du rameur il
y avait deux petites rames attachées à la
barque, et elles tenaient par deux bandes de
peau de chien.

Tout cet étonnant attirail, et l'homme
desséché, peuvent encore se voir aujour-
d'hui à Hall, dans la salle de l'amirauté; le
procès-verbal de cette découverte, dûment
attesté par le capitaine anglais et par son
équipage, se trouve dans les archives de cette
juridiction.

Un journal, du 4 février 1826 (*le Corsaire*), rapporte que l'équipage du navire
hollandais *le Centaure*, qui allait de Cayenne
à la Nouvelle-Orléans, a vu dans les parages

d'une île déserte , où le mauvais temps l'avait
contraint de relâcher, des espèces d'hommes
marins qui glissaient sur les eaux avec une
étonnante rapidité. On n'a pu parvenir à en
saisir un , mais il paraît certain que leur peau
est à l'épreuve de la balle.

Femmes marines de Harlem et des bords du Nil.

En 1430 , après une furieuse tempête qui
avait rompu les digues de West-Frise , les
filles du village d'Edam trouvèrent à demi-
enfoncée dans la boue des prairies , une
femme marine qui était demeurée là après
l'écoulement des eaux. Elles la retirèrent, la
prirent dans leur barque , et l'emmenèrent à
Edam. On la nourrit de pain et de lait ; on
lui apprit à filer et à s'habiller à la manière
des autres femmes, mais on ne put lui apprendre à parler ; elle jetait seulement un cri
qui imitait assez les accens plaintifs d'un être
souffrant. On la conduisit à Harlem , et à
force de soins , on parvint à lui imprimer

quelque connaissance de Dieu; chaque fois qu'elle apercevait une croix, elle faisait une profonde révérence. On lui reconnut toujours une forte inclination à retourner vivre dans son ancien élément.

Pline rapporte, dans son livre IX, que Ména, gouverneur d'Egypte, se promenant un matin sur la rive du Nil, vit un homme qui s'éleva au-dessus des eaux jusqu'à la ceinture : sa face avait un caractère de gravité; sa chevelure était jaune, entre-mêlée de cheveux gris; il avait l'estomac, le dos, les bras bien formés, le reste du corps ressemblait à une queue de poisson. Trois jours après, le gouverneur se promenant de nouveau vers le point du jour, l'homme marin parut, accompagné d'un autre être aussi singulier que lui, ayant une figure douce comme une femme, de longs cheveux et des mamelles. Ils demeurèrent l'un et l'autre si long-temps dessus l'eau, que nombre de personnes de la ville purent les voir à leur aise.

Dans sa Description historique du royaume de Macassar, M. Gervaise parle de syrènes monstrueuses qui se trouvent en ce pays. La

19*

tête de ce poisson a quelque conformité avec
la physionomie d'une femme ; et la nature lui
a taillé les nageoires de devant en forme de
mains. On conservait curieusement une de
ces syrènes à la bibliothèque de Sainte-Ge-
neviève, à Paris.

* * *

Hommes et Femmes satyres de divers pays.

Dans une Relation universelle de l'Afrique,
par Delacroix, on lit qu'il existe, dans la
basse Ethiopie, des satyres, espèce d'animal dont le dos est couvert de poil, et qui
ressemble presque entièrement à l'homme
par la face, les mains, les pieds, la posture
droite, etc.

La nature produit quelquefois parmi nous
des êtres phénomènes qui peuvent aller de
pair avec les satyres éthiopiens. Le 17 janvier 1578, il naquit à Quiers, à cinq lieues
de Turin, un individu dont la figure était
bien proportionnée en toutes ses parties. Il
lui sortait de la tête cinq cornes, dans le
genre de celles d'un bélier, rangées les unes

contre les autres en haut du front ; une longue
pièce de chair prenant sur le sommet de la
tête, lui pendait le long du dos, et une autre
pièce lui enveloppait le col comme une cravate. Les extrémités de ses doigts ressemblaient
aux griffes de quelque oiseau de proie ; ses
genoux se trouvaient à la place des jarrets ;
son corps était de la couleur d'un gris en-
fumé. Cet être extraordinaire fut présenté au
prince du Piémont, qui, en ayant entendu
parler, s'était montré curieux de le voir. Ambroise Paré nous en a conservé le portrait.

En 1599, le maréchal de Beaumanoir chas-
sant dans une forêt du Maine, ses gens lui
amenèrent un homme qu'ils avaient trouvé
endormi dans un buisson, et dont la figure
était très-singulière. Il avait au haut du front
deux cornes faites et placées comme celles
d'un bélier ; il était chauve, et avait au bout
du menton une barbe rousse et par flocons,
telle qu'on peint celle des satyres. On l'aban-
donna à ces gens qui spéculent sur la curiosité publique. Il conçut tant de chagrin
de se voir promener de foire en foire, qu'il
en mourut à Paris, au bout de trois mois. On
l'enterra dans le cimetière de la paroisse

Saint-Côme, et l'on mit sur sa tombe cette épitaphe :

> Dans ce petit endroit à part,
> Gît un très-singulier cornard ;
> Car, il l'était sans avoir femme :
> Passans, priez Dieu pour son âme.

En 1675, il existait à Copenhague une femme qui avait deux cornes recourbées et semblables à des cornes de bouc ; elles étaient adhérentes à l'os du crâne. Ces jeux de la nature ne sont pas absolument rares ; et l'on voit à l'École de Médecine de Saint-Côme, une femme sur le front de laquelle s'est formée une excroissance dure ayant la forme d'une corne. Nous citerons encore un individu nommé Martin Laurent, qui demeurait à Villers-sur-Auchy, en Bray. Cet homme s'était remarié en secondes noces, à l'âge de soixante-trois ans, avec une femme de soixante ans. Aussitôt après son mariage, il lui poussa sur les pommettes des joues deux cornes dures, grosses comme le petit doigt, se retournant sur elles-mêmes comme celles du bélier, et qui, chaque année, jusqu'à sa mort, arrivée en 1810, tombaient et

se reproduisaient comme le bois des cerfs.
Bayle rapporte qu'il a vu une fille ayant par-
tout le corps des cornes semblables à celles
d'un veau.

———◦◦◦———

L'Homme à la longue barbe.

Nous terminerons cet ouvrage par le chapitre d'un homme remarquable sous divers
rapports, lequel a fixé sur lui depuis quelque
temps l'attention des habitans de Paris, qui
le considèrent à la fois comme un nouveau
Samson, comme un moderne Diogène. Cet
homme, nommé Chodruc-Duclos, a eu ses
historiens, qui parlent de lui en ces termes :

Dans le nombre des êtres exceptionnels,
il en existe un à Paris, dont le stoïcisme et
la misanthropie décèlent un de ces caractères
fiers et indomptables, un de ces phénomènes
moraux sur lesquels le malheur n'a point de
prise. On le reconnaît à sa haute stature, à
ses formes athlétiques et à la barbe qui on-
doie sur sa large poitrine. Sous les livrées de
la misère, il porte un cœur généreux, mais

sauvage.... c'est le fils d'un notaire de Bordeaux. Il signala son apprentissage des armes par des prodiges de bravoure lors du siége que les Lyonnais soutinrent en 1793 contre les troupes de la Convention; on lui donna dès-lors le surnom de *Superbe*, parce qu'il joignait à un noble courage la mâle beauté et la force d'Hercule. On va en juger.

Au théâtre de Bordeaux, des hommes grossiers s'étant emparés d'une loge louée par des dames, il saisit par le milieu du corps l'un de ces discourtois chevaliers , et , le levant avec son bras de fer au-dessus de la loge , il le tint un instant suspendu sur le parterre, où il allait le précipiter sans les instantes prières des généreuses offensées. Voici encore une autre preuve de ses forces colossales. Il regardait un jour deux individus cherchant à rouler contre la porte de sa cave une de ces énormes barriques de Bordeaux, et s'amusait beaucoup de leurs vains efforts. « Où voulez-vous donc la mettre, leur dit-il en riant ? — Ici contre. — Vous n'y parviendrez jamais ; laissez-moi faire. » Il prend la barrique , la soulève et la fixe à la place indiquée.

Cet homme qui a sacrifié sa fortune, versé son sang et exposé mille fois sa vie pour les Bourbons, à Lyon, dans la Vendée et pendant les cent jours, s'est aussi prononcé de tous temps en faveur de l'opprimé, quelles que soient les opinions du faible, comme de ses oppresseurs. Dans les temps de réactions, il aperçoit un groupe de royalistes tenant à la gorge un révolutionnaire qui courait risque d'être étranglé. Il vole au secours de la victime. « Lâches ! crie-t-il aux attroupés, laissez aller cet homme, ou je vous extermine ! — Mais il a tué mon père, dit l'un ; il a tué mon frère, dit un autre ; il a tué mes enfans.... — Eh bien ! battez-vous loyalement avec lui tour à tour ; mais ne vous réunissez pas pour l'assassiner. » Et le révolutionnaire lui dut la vie.

Les historiens de Chodruc-Duclos rapportent que le colonel Fabvier se permit de dire hautement chez un restaurateur : « Tous les Vendéens sont des lâches. » *Le Superbe* se trouvait là. « Le soutiendriez-vous ? dit-il en s'avançant avec calme vers l'officier de Buonaparte. — Oui, répliqua Fabvier. — Eh bien ! sortons ! — Mais je vais dîner.... —

Vous ne dînerez pas, s'écrie Duclos d'un ton à se faire obéir. » L'on fut se battre, et le colonel fut blessé. « Cela suffit ! je suis satisfait, dit le Vendéen. »

Nous citerons encore ce trait que l'on attribue à l'homme à la longue barbe. Un individu lui devait cinq cents francs, et ne le payait pas, sous prétexte qu'il n'avait point d'argent. Mais Duclos l'aperçoit un jour monter dans une maison de jeu du Palais-Royal : il le suit et l'observe. Il lui voit jeter sur le tapis un billet de cinq cents francs : la chance gagne ; le joueur se dispose à recevoir le billet qu'on va lui donner. Mais au moment où le banquier le lui passe, une large main tombe tout à coup sur le tapis, et ne se relève qu'en possession du papier-monnaie. C'était Duclos, qui dit alors avec le plus grand sang-froid : « Ceci est à moi ! » Le débiteur jette les hauts cris, et poursuit avec les joueurs *le Superbe*, qui sort d'un pas ferme, et mesurant des yeux les flots de peuple ameuté, que son attitude imposante et terrible tient comme en arrêt à une certaine distance. Cependant les clameurs re-

doublent, la garde arrive ; les grilles du
Palais sont fermées : Duclos se présente pour
sortir ; il n'hésite pas : de ses mains ner-
veuses, ce moderne Samson secoue les bar-
reaux de la grille, qu'il ébranle, l'arrache
de ses gonds, la met de côté et disparaît aux
regards de la foule pétrifiée.

Les galeries du même Palais ont continué
d'être constamment sa promenade de chaque
jour ; mais que les temps sont changés ! Cet
homme, dont le budget pour le seul compte
du tailleur se montait, il y a quelques années, nous dit-on, à 1800 francs par mois,
ce même homme, nous le voyons couvert
de haillons ; il a laissé pousser sa barbe, ses
pieds sont entortillés de paille ; jamais, depuis Diogène, aucun être n'avait paru se
complaire autant que *le Superbe* à se rapprocher de l'état de sauvage ; et celui qui ne
s'asseyait naguère qu'aux tables les mieux
servies, se nourrit aujourd'hui comme jadis
les anachorètes du désert. Heureusement
que, bien que ce nouveau Samson eût beaucoup de conformité avec un général de l'empire, taillé comme lui sur des formes colos-

sales , on ne dit point qu'il en ait eu dans aucun temps les appétits gloutons (1).

La police poursuit avec acharnement l'homme à la longue barbe. D'abord arrêté comme mendiant et vagabond , il prouve à ses juges qu'il a un gîte et qu'il ne mendie point. On est forcé de le rendre à la liberté. Mais bientôt la police le fait arrêter de nouveau , et, cette fois , sous la double prévention de vagabondage et d'outrage public à la pudeur. Chodruc-Duclos se refuse d'abord à toute explication : il fait entendre par signes, au commissaire, qu'il ne répondra qu'à ses juges. En effet , lorsqu'il est en leur pré-

---

(1) Bisson , général de division , créé comte de l'empire par Napoléon Buonaparte , et qui termina sa carrière à Mantoue , en 1811 , était un homme d'une force et d'une stature prodigieuses. Il avait de plus , avec l'Hercule des anciens , cette autre ressemblance d'être doué d'un appétit dévorant. Quoiqu'il fût sobre relativement à sa constitution , ce qu'il mangeait en un jour comme un strict nécessaire aurait largement alimenté plusieurs personnes , et il faisait, dit-on , une incroyable consommation de vin, sans cependant jamais altérer sa raison. Napoléon qui connaissait les besoins particuliers de ce général, y pourvoyait en campagne , par un traitement supplémentaire.

sence, et qu'on lui demande pourquoi il ne cherche pas à se vêtir plus convenablement, il répond qu'il ne s'occupe qu'à satisfaire strictement les besoins de la vie animale. « Je suis, dit-il, comme j'étais lorsque j'ai paru devant vous. J'ai toujours un domicile, et depuis cinq ans je n'ai pas découché. Ce n'est pas là être un vagabond ; vous l'avez déjà jugé. »

« — Vous êtes inculpé aujourd'hui d'un autre délit. On vous accuse d'outrager publiquement les mœurs par la manière dont vous êtes vêtu, et qui laisse à découvert plusieurs parties de votre corps.

« — Je ne crois pas, répondit-il, avoir jamais ainsi porté atteinte à la pudeur ; j'ai soin chaque jour, avant de sortir, de réparer, autant que faire se peut, les dégâts que le temps fait à mes vêtemens. »

Ce dernier délit déclaré constant, le malheureux Duclos est condamné à quinze jours d'emprisonnement, le 30 décembre 1828.

Nous l'avons vu au mois d'avril de la présente année dans les galeries du Palais-Royal, se promenant seul, les mains derrière le dos, la tête haute, toujours dans ce même état de misère sans égale qui excite la compassion des uns et l'intérêt des autres, depuis qu'une brochure nous a révélé une partie des aventures de cet être extraordinaire. Les haillons qui le couvrent méritent à peine le nom de vêtemens; mais aucune partie de son corps n'est à découvert, et cependant cela saigne le cœur à voir. Ses historiens ont jeté quelque consolation dans les âmes sensibles, en rapportant une conversation où l'homme à la longue barbe, ce moderne Diogène, a laissé échapper les paroles suivantes : « Le temps est un grand maître : cela changera? »

TABLE.

(232)

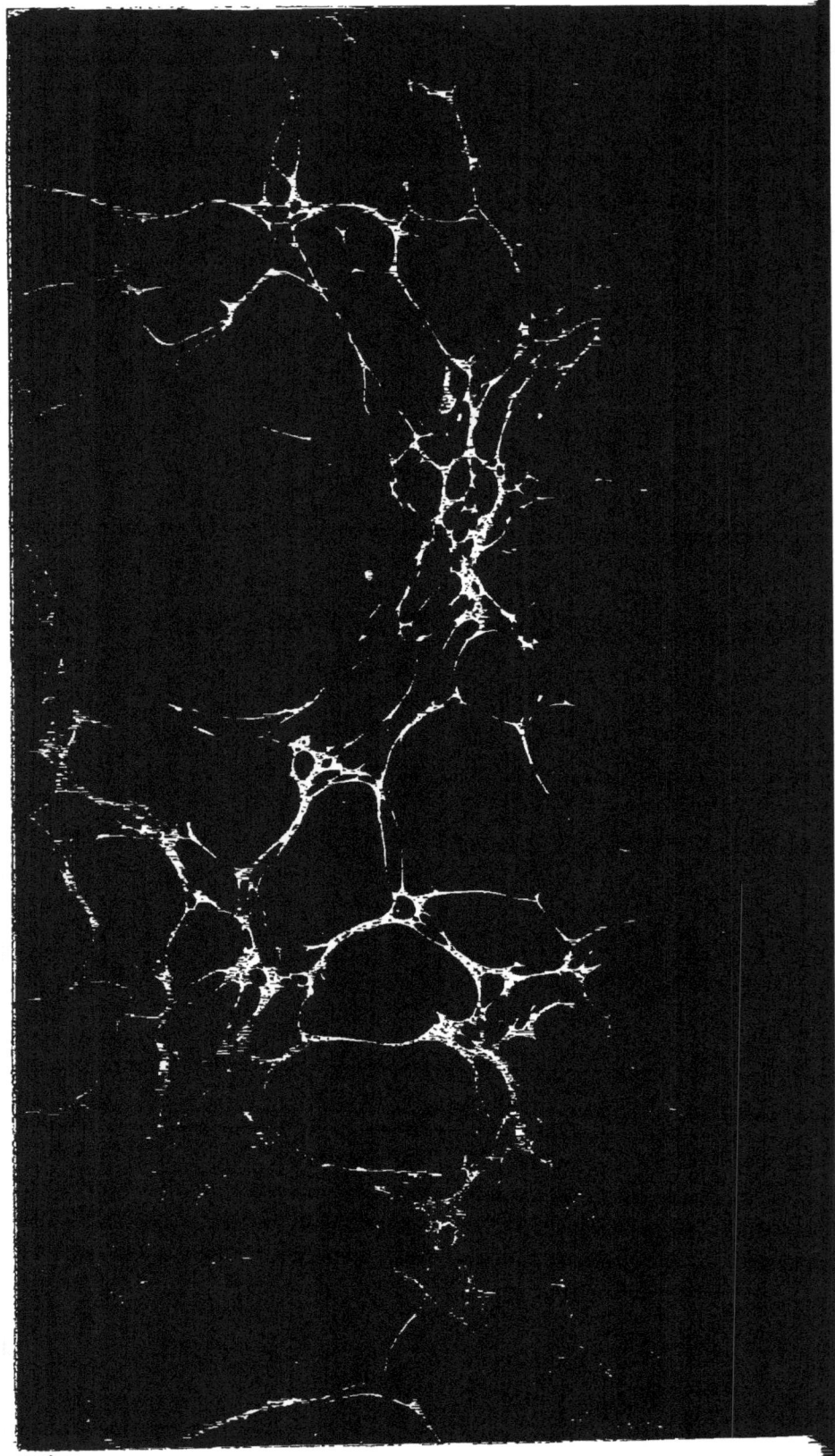

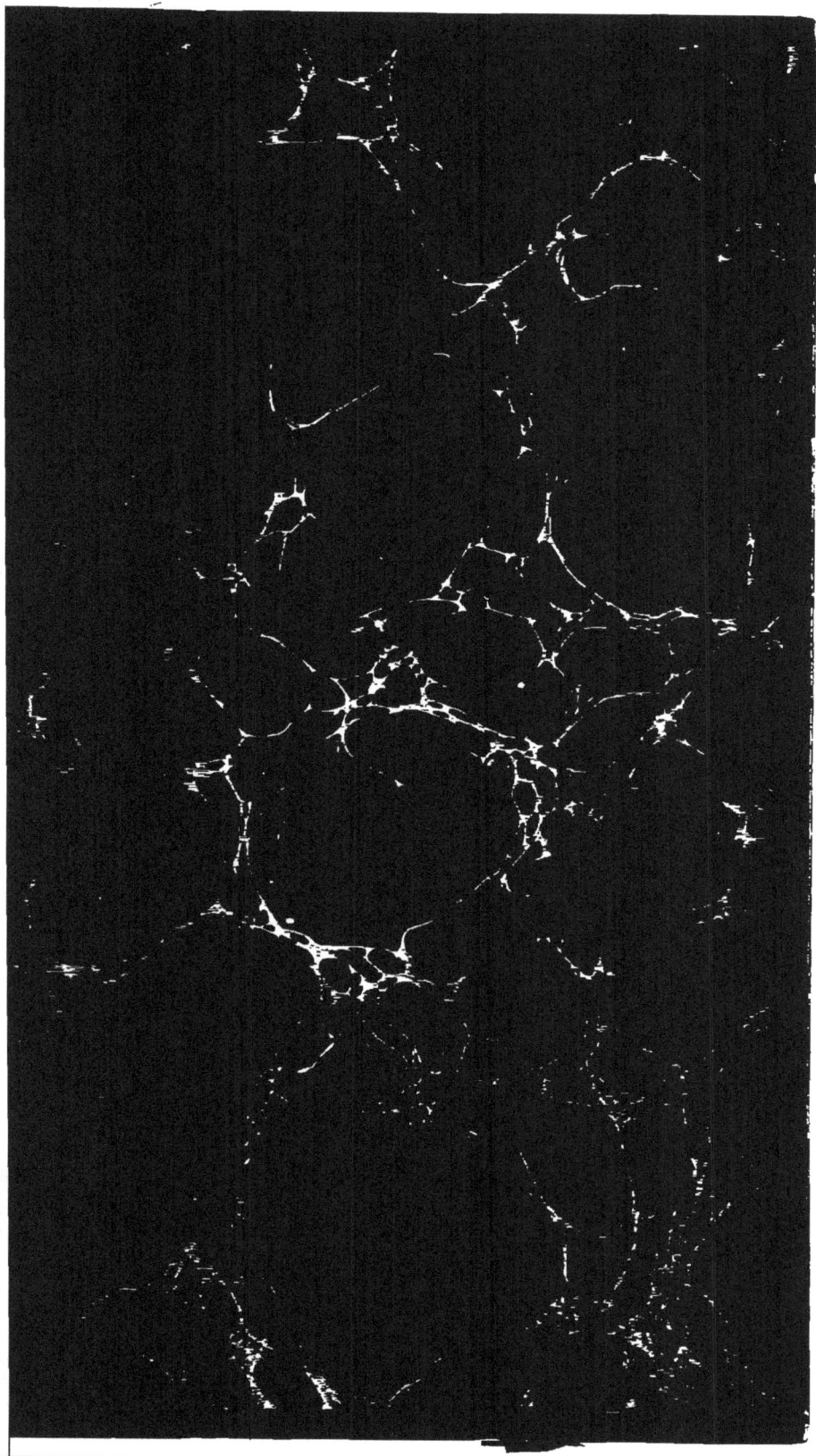

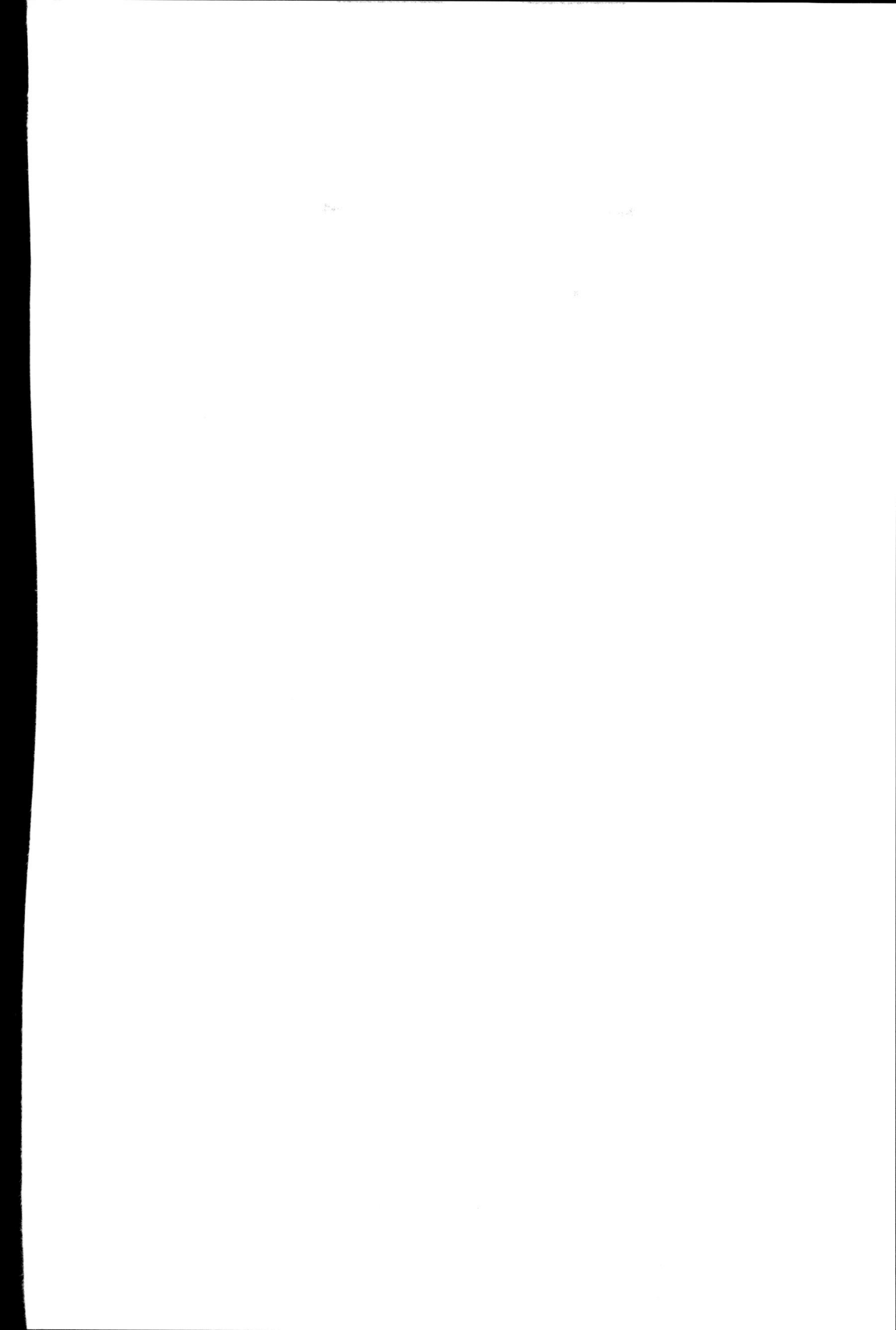

www.ingramcontent.com/pod-product-compliance
Lightning Source LLC
Chambersburg PA
CBHW060352200326
41519CB00011BA/2120